1＋X职业技能等级证书配套系列教材·数据库管理系统

数据库管理系统中级(备份还原)

武汉达梦数据库股份有限公司　编著

华中科技大学出版社
中国·武汉

内 容 简 介

达梦数据库管理系统 V8(DM8),简称达梦数据库,是新一代高性能数据库产品,为了方便大家学习达梦数据库,我们编写了此书。"1+X 职业技能等级证书配套系列教材·数据库管理系统"介绍了数据库运维、SQL 语言、数据库安全、数据库容灾、数据库开发等内容。本书作为上述系列教材之一,分为 4 个任务,包括数据库产品安装服务、数据库日常运维、数据库监控与性能优化、数据库备份容灾。

本书内容实用、示例丰富、语言通俗、格式规范,可作为高等学校数据库管理系统课程的教材,也可作为数据库管理系统中级考试备考人员的参考书。

图书在版编目(CIP)数据

数据库管理系统:中级:备份还原/武汉达梦数据库股份有限公司编著.—武汉:华中科技大学出版社,2021.9(2023.12 重印)

ISBN 978-7-5680-6953-3

Ⅰ.①数…　Ⅱ.①武…　Ⅲ.①数据库管理系统-高等职业教育-教材　Ⅳ.①TP311.131

中国版本图书馆 CIP 数据核字(2021)第 176651 号

数据库管理系统中级(备份还原)
Shujuku Guanli Xitong Zhongji(Beifen Huanyuan)　　　武汉达梦数据库股份有限公司　编著

策划编辑:万亚军
责任编辑:李梦阳
封面设计:原色设计
责任监印:周治超
出版发行:华中科技大学出版社(中国·武汉)　　电话:(027)81321913
　　　　　武汉市东湖新技术开发区华工科技园　　邮编:430223
录　　排:华中科技大学惠友文印中心
印　　刷:武汉邮科印务有限公司
开　　本:787mm×1092mm　1/16
印　　张:16.75
字　　数:350 千字
版　　次:2023 年 12 月第 1 版第 2 次印刷
定　　价:58.00 元

前　言

目前,数据库管理系统广泛应用于公安、电力、铁路、航空、审计、通信、金融、海关、国土资源、电子政务等多个领域,在国家机关、各级政府和企业的信息化建设中发挥了积极作用。发展具有自主知识产权的国产数据库管理系统,打破国外数据库产品的垄断,为我国信息化建设提供安全可控的基础软件,是维护国家信息安全的重要手段。

武汉达梦数据库股份有限公司(以下简称武汉达梦数据库公司)推出的达梦数据库管理系统是我国具有自主知识产权的数据库管理系统之一,也是获得国家自主原创产品认证的数据库产品。达梦数据库管理系统经过不断的迭代与发展,在吸收主流数据库产品优点的同时,也逐步形成了自身的特点,受到业界和用户广泛的认同。随着信息技术不断发展,达梦数据库管理系统也在不断演进,从最初的数据库管理系统原型 CRDS 发展到 DM8。

2019 年,教育部会同国家发展改革委、财政部、市场监管总局制定了《关于在院校实施"学历证书＋若干职业技能等级证书"制度试点方案》(以下简称《方案》),启动"学历证书＋若干职业技能等级证书"(简称 1＋X 证书)制度试点工作。培训评价组织作为职业技能等级证书及标准的建设主体,对证书质量、声誉负总责,主要职责包括标准开发、教材和学习资源开发、考核站点建设、考核颁证等,并协助试点院校实施证书培训。参与 1＋X 证书试点的院校,需要对标 1＋X 证书体系,优化相关专业人才培养方案,重构课程体系,加强师资培养,并逐步完善实验实训条件,以深化产教融合,促进书证融通,进一步提升学生专业知识与职业素养,提升就业竞争力。

在教育部职业技术教育中心研究所发布的《第四批职业教育培训评价组织和职业技能等级证书公示名单》中,武汉达梦数据库公司作为数据库管理系统职业技能等级证书的颁布单位,按照相关规范,联合行业、企业和院校等,依据国家职业标准,借鉴国内外先进标准,为体现新技术、新工艺、新规范、新要求等,开发了数据库管理系统职业技能的初级、中级和高级标准。

为了帮助 1＋X 证书制度试点院校了解数据库管理系统职业技能的初级、中级和高级标准,武汉达梦数据库公司组织相关企业专家和学校教师编写了"1＋X职业技能等级证书配套系列教材·数据库管理系统",分为《数据库管理系统初级(基础管理)》、《数据库管理系统中级(备份还原)》和《数据库管理系统高级(开发)》3 册。其中,《数据库管理系统中级(备份还原)》分为 4 个任务,包括数据库产品安装服务、数据库日常运维、数据库监控与性能优化、数据库备份容灾。本书具有内容实用、示例丰富、语言通俗、格式规范的特点,可作为参加 1＋X 证书制度试点的中等职业学校、高等职业学校、应用型本科学校数据库管理系统课程的教材,也可作为数据库管理系统中级考试备考人员的参考书。

为了方便学习和体验操作,读者可在武汉达梦数据库公司官网下载对应试用版软件。

由于作者水平有限,书中难免有些疏漏与不妥之处,敬请读者批评指正,欢迎读者通过达梦数据库技术支持联系方式或电子邮件(zss@dameng.com)与我们交流。

编　者

2021 年 6 月

目　　录

项目背景及目标

1. 项目背景

某厂信息化建设经过多年的发展和完善,已经建立成熟的网络环境和生产经营管理的各类应用系统,目前全厂在线运行的服务器和个人计算机(PC)有近 600 台。近年来,建设的人事管理系统、企业资产管理系统、基建管理信息系统(MIS)、全面预算管理系统、生产综合管理系统、技术监督管理系统等若干应用信息系统多数是基于达梦数据库系统的应用。各系统随着数据量的逐年增加,陆续出现了性能问题,因此有必要完善日常运维机制,对数据库系统进行必要的性能优化,建立完善的容灾机制,以确保应用系统的正常运行,为全厂员工提供更好的信息服务。

2. 项目目标

项目目标是:完善日常运维机制,尽早发现性能瓶颈,及时调整,保障数据库稳定高效工作;对各个系统数据库进行性能调整;提升应用系统性能,完成各系统数据库的性能调优工作,包括数据库实例参数调优、SQL(structured query language)性能调优、表格和索引存储参数设置调优等;使各业务持续地得到有效的保证。同时要做好系统备份准备及详细的测试工作,确保系统的稳定性、安全性,保障系统业务数据的安全。

3. 需求分析

通过对某厂信息化建设技术要求的分析及对该厂信息系统建设的了解,从以下几个方面对达梦数据库产品进行日常运行维护。

(1) 由于这些系统建设得较早,基于当时的实际情况,应用系统和数据库都还存在一些不足,需要对应用系统和数据库进行进一步的优化。

(2) 这些系统建设得较为长久,由于长时间的运行各个系统存在一些冗余,冗余的存在使得这些系统数据库需要进行性能优化,包括外部资源优化、SQL 性能优化、表格和索引存储参数设置优化等。

（3）由于这些数据库系统承载着某厂信息化非常重要的业务系统数据，因此在日常维护中需要非常仔细，每周、每月、每季都要有相应的巡检记录，需要详细记载以下内容。

①监控数据库对象的空间使用情况。

②监控数据量的增长情况。

③系统健康检查，主要包括以下内容：

a. 数据库对象有效性检查；

b. 查看是否有危害到安全策略的问题；

c. 查看运行日志；

d. 分析表和索引；

e. 检查表空间碎片。

④数据库性能监控及优化。

⑤预测数据库将来的性能。

⑥日常维护工作。

（4）在数据库出现故障或数据库宕机后，为了保证业务系统仍能正常运行，需要对数据库做相应的容灾机制。

4. 项目总体方案

建立在 DM8 上的关键业务系统是当今企业的核心应用。如何改善其性能和可用性，是系统设计、维护和管理人员的最大挑战。为了更好地维护系统和数据库，必须随时了解系统和数据库的运行状况。但是，数据库维护具有一定的复杂性，这增大了维护工作的难度，所以数据库维护需要借助一些工具。优秀的数据库管理工具可以大大简化生产环境下的应用维护和管理工作，提高信息技术(IT)人员的工作效率。数据库管理人员借助相应的工具可以主动、迅速、方便地监控系统的运行。

在 DM8 的使用和研究经验的基础上，对于 DM8 的管理，主要包括以下三方面的内容。

（1）系统监控：了解达梦数据库当前运行的状态，发现数据库性能瓶颈；针对相应的瓶颈给出具体的优化方案，使用 DEM 管理监控工具及相关的监控脚本。

（2）空间管理：即数据库存储结构的调优，包括定期检查数据库的存储结构，发现 DM8 数据库存储中的主要问题，进行碎片重组、数据分布、容量规划等。

（3）调优 SQL：分析对系统性能影响比较大的 SQL 语句，调整 SQL 语句的执行效率，使 SQL 存取尽可能少的数据块。

5. 项目任务划分

(1) 任务 1:数据库产品安装服务。

武汉达梦数据库公司提供一份安装报告,其中包括安装前检查的内容及安装后的测试;提供数据库相关软件安装的需求列表,如操作系统版本、内存需求等;提供软件安装,根据客户系统的特点对安装参数进行合理的设置,按照系统要求,对安装成功的产品进行确认测试。

生产环境为:操作系统版本为中标麒麟 7,数据库版本为 DM8。

(2) 任务 2:数据库日常运维。

数据库的日常运维主要是指结合各业务系统的实际情况,提供切实可行的运维建设机制。其工作内容覆盖达梦数据库的日常维护、紧急故障处理等。客户可依据服务内容进行相应的定制。武汉达梦数据库公司将提供全面的、具有针对性的服务解决方案,以保证客户系统稳定、高效、可靠的运行,从而实现对业务系统的有效支持。检查达梦数据库运行情况,包含:检查达梦数据库基本状况,检查达梦数据库服务线程,检查死锁及处理,检查中央处理器(CPU)、输入/输出(I/O)、内存性能,定期做统计分析,检查缓冲区,检查共享池,检查排序区,检查日志等。

(3) 任务 3:数据库监控与性能优化。

监控达梦数据库性能情况,包含:检查数据库的等待事件,检查死锁及处理,检查CPU、I/O、内存性能,定期做统计分析,检查缓冲区命中率,检查共享池命中率,检查排序区,检查日志等。确定合理的性能优化目标测试,记录当前数据库的性能指标,确定当前数据库存在的性能瓶颈,确定当前的操作系统瓶颈,优化相关的组件。

(4) 任务 4:数据库备份容灾。

为了保证数据库系统的数据安全性,减小各种故障给客户带来的数据损失,武汉达梦数据库公司会根据客户系统实际情况,协助客户规划符合客户工作要求的备份容灾方案。

任务 1　数据库产品安装服务

1.1　任务说明

达梦数据库管理系统 V8(DM8)是基于客户/服务器方式的数据库管理系统,可以安装在多种计算机操作系统平台上,典型的操作系统有:Windows(Windows server 版本及 Windows 桌面版本)、Linux、Solaris、AIX、银河麒麟(YHKylin)、统信系统(UOS)等。对于不同的系统平台,有不同的安装包与其对应。

在安装之前,应先检查所得到的达梦数据库产品是否完整,并准备好达梦数据库所需的硬件环境、软件环境。本任务主要是 DM8 的安装部署。

1.2　安装前的准备工作

1.2.1　硬件环境需求

根据 DM8 及应用系统的需求来选择合适的硬件配置,如 CPU 的指标、内存及磁盘容量等。安装 DM8 所需的硬件基本配置如表 1-1 所示。

表 1-1　安装 DM8 所需的硬件基本配置

硬　　件	建　议　配　置
CPU	2.3 GHz 处理器
网卡	支持 TCP/IP 协议的千兆网卡
内存	16 G(4 G 以上)
硬盘	200 G 以上可用空间

续表

硬　　件	建 议 配 置
存储	以整体信息化应用实际数据量为依据
显示器	SVGA 显示器
键盘/鼠标	普通键盘/鼠标

由于 DM8 是基于客户/服务器方式的大型数据库管理系统,一般在网络环境下使用,客户机与服务器分别在不同的机器上,因此硬件环境通常包括网络环境(如一个局域网)。如果仅有单台 PC,DM8 也允许将所有软件装在同一台 PC 上使用。

1.2.2　软件环境需求

运行 DM8 所要求的软件环境主要如下。

(1) 操作系统:Windows(简体中文服务器版 SP2 以上)/Linux(glibc 2.17 以上,内核 2.6,已安装 KDE/GNOME 桌面环境)。

(2) 网络协议:TCP/IP 协议。

说明:系统盘最好有 2 G 以上的剩余空间。

此外,如果要进行数据库应用开发,在客户端可配备 VC、VB、DELPHI、C++Builder、PowerBuilder、JBuilder、Eclipse、DreamWeaver、Visual Studio . NET 等应用开发工具。

1.2.3　计算机管理员准备工作

在安装 DM8 之前,计算机管理员应首先完成安装前的准备工作。

主要准备工作有:

(1) 正确地安装操作系统、合理地分配磁盘空间、检查机器配置是否满足要求;

(2) 关闭正在运行的杀毒、安全防护等软件;

(3) 保证网络环境能正常工作。

1.2.4　数据库管理员准备工作

DM8 是基于客户/服务器方式的数据库管理系统。服务器可兼作客户机。在计算机管理员的准备工作完成之后,数据库管理员在 DM8 安装过程中必须注意以下几点。

(1) 若系统中已安装 DM8,重新安装前,应完全卸载原来的系统。并且在重新安装前,务必备份好数据。

（2）作为服务器的每台计算机必须安装服务器端组件,只作为客户机的计算机不必安装服务器端组件。

（3）作为客户机的每台计算机可在客户端组件中选择安装所需要的客户端组件。

（4）建议安装时以管理员身份 Administrator(Windows 下)或 root(Linux 下)登录。

1.3　Linux 下服务器、客户端软件的安装

1. 创建达梦数据库系统用户

如果一台 Linux 服务器上有几十、上百个用户,则只有一个 root 账号的话,不便于管理。root 登录时,所有的程序都拥有了最高的权限。为了避免因 root 账号误操作导致巨大的灾难和避免恶意软件对服务器造成很大的损失,我们不建议用户以 root 身份来安装 DM8 服务器。可以在安装之前为达梦数据库创建一个专用的系统用户,可使用此用户来完成达梦数据库的安装工作。

2. 修改操作系统资源限制

为了使达梦数据库能够正常安装和使用,用户还需要对系统资源限制进行设置。在 Linux、Solaris、AIX 和 HP-UNIX 等系统中,ulimit 命令的存在会对程序使用操作系统资源进行限制。为了使达梦数据库能够正常运行,建议用户检查 ulimit 的参数。

可运行 ulimit - a 进行查询。

（1）data seg size (kbytes, —d)。

建议用户设置为 1048576(即 1 GB)以上或 unlimited(无限制),此参数过小将导致数据库启动失败。

（2）file size (blocks, —f)。

建议用户设置为 unlimited(无限制)。

（3）open files (—n)。

建议用户设置为 65536 以上或 unlimited(无限制)。

（4）virtual memory (kbytes, —v)。

建议用户设置为 1048576(即 1 GB)以上或 unlimited(无限制),此参数过小将导致数据库启动失败。

3. 菜单栏快捷方式

在 Windows 下将会创建菜单栏的达梦数据库快捷方式,在 Linux 下 root 安装在 KDE 或 GNOME 桌面环境下,将会生成菜单栏,在 Solaris 与 AIX 下,则不会生成。

初次使用 DM8 时要注意以下两点。

(1) 在安装 DM 时,会默认创建三个用户,即 SYSDBA(系统管理员)、SYSAUDITOR(系统审计员)和 SYSSSO(系统安全员),SYSSSO 仅在安全版下可用。它们对应的初始密码分别为 SYSDBA、SYSAUDITOR 和 SYSSSO。系统管理员只负责数据库的日常数据维护和自主访问控制的管理;系统审计员只负责数据库的审计管理;系统安全员负责数据库的强制访问控制的管理。

(2) SYSDBA 应当在安装和启动服务器后尽快登录并修改该用户的密码。

1.4 初始化实例

1. 使用图形化界面方式来初始化实例

执行如下命令:

```
[dmdba@ localhost ~ ]$ /dm8/tool/dbca.sh
```

2. 使用命令行方式来初始化实例:dminit

根据实际需求,添加不同的初始化参数。dminit 语法如下:

```
dminit KEYWORD = value { KEYWORD = value }
```

KEYWORD :dminit 参数关键字。多个参数之间排列顺序无影响,参数之间使用空格间隔。

value:参数取值。

注意:dminit 如果没有带参数,系统会引导用户进行设置。参数、等号和值之间不能有空格,例如,PAGE_SIZE=16。HELP 参数的后面不用添加"="。

所有参数均为可选项,dminit 参数说明如表 1-2 所示。

表 1-2　dminit 参数说明

参 数 名 称	作 　 用
PATH	初始数据库存放的路径。在该路径下存储数据库实例的数据文件
DB_NAME	初始化数据库名称。默认为 DAMENG。名称为字符串,长度不能超过 128 个字符
PAGE_SIZE	数据文件使用的页大小。取值:4、8、16、32。单位:KB。默认值为 8
EXTENT_SIZE	数据文件使用的簇大小,即每次分配新的段空间时连续的页数。取值:16、32。单位:页数。缺省值为 16
CASE_SENSITIVE	标识符大小写敏感。当大小写敏感时,小写的标识符应用""括起,否则被系统自动转换为大写;当大小写不敏感时,系统不会转换标识符的大小写,比较标识符时也不能区分大小写。取值:Y、y、1 表示敏感;N、n、0 表示不敏感。默认值为 Y
CHARSET/UNICODE_FLAG	字符集选项。取值:0 代表 GB18030,1 代表 UTF-8,2 代表韩文字符集 EUC-KR。默认值为 0
LOG_SIZE	重做日志文件大小。取值:64～2048 之间的整数。单位:MB。默认值为 256
TIME_ZONE	初始化时区。默认为东八区(＋08:00)
INSTANCE_NAME	初始化数据库实例名称。默认为 DMSERVER
BLANK_PAD_MODE	设置字符串比较时,结尾空格填充模式是否兼容 ORACLE。取值:1 表示兼容,0 表示不兼容。默认为 0

除了实例参数文件 dm.ini 以外,其他参数文件按照部署规范配置好后,基本上没有调整的必要性。dm.ini 参数主要分为两类:功能配置参数和性能调优参数。dm.ini参数说明如表 1-3 所示。

表 1-3　dm.ini 参数说明

参 　 数 　 名	说 　 明
CTL_PATH	必配,实例控制文件路径
SYSTEM_PATH	必配,系统表空间路径
TEMP_PATH	必配,临时表空间路径
BAK_PATH	必配,数据库备份默认路径

续表

参　数　名	说　　　明
INSTANCE_NAME	必配,数据库实例名称
ARCH_INI	必配,REDO 本地归档开关
MAL_INI	集群必配,MAL 通信开关
DW_PORT	集群必配,数据库和守护进程的 TCP 通信端口
TIMER_INI	选配,异步备机开关,配置异步备机必须配置该项
MPP_INI	选配,MPP 集群开关,配置 MPP 集群必须配置该项

其他参数(包括功能配置参数、性能调优参数、监控参数等)均为选配项。请在压力测试中根据性能增加其他参数,具体可参考 DM_DBA 手册。

3. 字符集及时区设置

1) 字符集设置

达梦数据库存储支持 2 种字符集:GB18030 和 UTF-8。它们均在初始化实例时通过 CHARSET/UNICODE_FLAG 指定。如果无特殊需求,请在初始化实例时将字符集指定为 GB18030,即默认值。可通过以下语句查询当前数据库的字符集:

```
SQL>SELECT SF_GET_UNICODE_FLAG ();
```

2) 时区设置

达梦数据库支持 2 种时区:数据库时区和会话时区。其中,数据库时区在初始化实例时通过 TIME ZONE 指定,后面不可更改。会话时区则读的本地时区,可设置会话时区,但只针对本会话有效。如果无特殊需求,所有时区均设置为东八区(+08、480)。

示例 1　设置当前会话时区为'+8:00':

```
SET TIME ZONE '+ 8:00';
```

示例 2　设置当前会话时区为服务器所在地时区(注意:服务器时区,取服务器所在机器的操作系统时区,非初始化实例时指定的时区):

```
SET TIME ZONE LOCAL;
```

示例 3　查看会话时区:

```
SELECT SESS_ID,CLNT_HOST,TIME_ZONE FROM V$SESSIONS;
```

示例 4　查看数据库时区:

```
SELECT SYSTIMESTAMP;
```

4. 运行日志管理

达梦数据库的运行日志都保存在数据库软件下的 log 目录中。文件名中的"XXX"为文件的生成年月,例如,2021 年 3 月生成日志文件,则其文件名中的"XXX"就是"202103"。每个月生成一个日志文件,在该月中日志内容都是不断增加的,其中DMSERVER 是实例名。操作日志类型包括:

(1) 全局日志文件 dm_DMSERVER_xxx.log,生成路径不可配;

(2) 实例日志文件 DmServicexxx.log,生成路径不可配;

(3) 备份还原日志文件 dm_bakres_xxx.log,生成路径不可配。

1.5　Linux 下达梦数据库的卸载

如果已经存在数据库实例,则停止数据库,执行 uninstall.sh。

如果只安装了软件,则可以直接执行 uninstall.sh。脚本 uninstall.sh 在安装目录下。

注意:如果服务器上有已经运行的数据库实例,应该先备份数据库,关闭实例,卸载数据库,卸载软件。

1.6　任 务 实 现

1.6.1　收集软件信息

(1) 查看操作系统版本号:

```
[root@ dm01 opt]#  uname - ra
Linux dm01 4.19.90-17.ky10.x86_64 #1 SMP Sun Jun 28 15:41:49 CST 2020 x86_64
x86_64 x86_64 GNU/Linux
```

（2）查看 glibc 包：

```
[root@ localhost ~ ]#  rpm - aq|grep glibc
glibc- devel-2.17-55.el7.ns7.01.x86_64
glibc- common-2.17-55.el7.ns7.01.x86_64
glibc- headers-2.17-55.el7.ns7.01.x86_64
compat-glibc-2.12-4.el7.x86_64
compat-glibc-headers-2.12-4.el7.x86_64
glibc-2.17-55.el7.ns7.01.x86_64
[root@ localhost ~ ]#
```

1.6.2　收集硬件信息

（1）查看 CPU：

```
[root@ localhost ~ ]#  cat /proc/cpuinfo
processor    : 0
vendor_id    : GenuineIntel
cpu family   : 6
model        : 158
model name   : Intel(R) Core(TM) i7-7700HQ CPU @  2.80GHz
stepping     : 9
microcode    : 0xd6
cpu MHz      : 2808.000
cache size   : 6144 KB
```

（2）查看服务器内存，如图 1-1 所示。

注意：安装数据库时建议最小内存为 1 GB，swap 分区一般为物理内存的 1.5 倍。

（3）查看磁盘空间，如图 1-2 所示。

注意：DM8 占用的磁盘空间为 1 GB。如果要记录大量数据库 SQL 日志，则/tmp 目录至少需要扩大到 600 MB。

（4）网络要求。

```
[root@localhost ~]# free -m
                total       used       free     shared    buffers     cached
Mem:             1826       1360        466         10          0        404
-/+ buffers/cache:           954        872
Swap:            4095          0       4095
[root@localhost ~]#
```

图 1-1 查看服务器内存

```
[root@localhost ~]# df -h
文件系统                   容量    已用    可用  已用% 挂载点
/dev/mapper/nlas-root      36G    4.9G    31G   14%  /
devtmpfs                  905M      0    905M    0%  /dev
tmpfs                     914M    96K    914M    1%  /dev/shm
tmpfs                     914M   8.9M    905M    1%  /run
tmpfs                     914M      0    914M    0%  /sys/fs/cgroup
/dev/sda1                 497M   122M    376M   25%  /boot
/dev/sr0                  3.5G   3.5G       0  100%  /run/media/root/ns7.0-x86_64
[root@localhost ~]#
```

图 1-2 查看磁盘空间

单机:100 MB 以上 TCP/IP 网卡,远程访问数据库,需要设置防火墙和 selinux 策略。

```
[root@ localhost ~ ]# systemctl stop firewalld
[root@ localhost ~ ]# systemctl disable firewalld
[root@ localhost ~ ]# systemctl status firewalld
firewalld.service - firewalld - dynamic firewall daemon
   Loaded: loaded (/usr/lib/systemd/system/firewalld.service; disabled)
   Active: inactive (dead)
11 月 09 11:10:57 localhost.localdomain systemd[1]: Stopped firewalld -
dynam...
   Hint: Some lines were ellipsized, use -l to show in full.
- - - - - - - - - - - - - - - - - - - - - - - - - - - - - - - - - - -
[root@ localhost sysconfig]# getenforce
Disabled
```

(5) 系统要求为:Linux glibc 2.17 以上,内核 2.6,KDE/GNOME 桌面环境。

1.6.3 规划安装路径

创建/dm8 目录,为 DM8 的安装路径:

```
[root@ localhost /]# mkdir /dm8
```

1.6.4　规划用户

规划用户(不建议使用 root),创建 dinstall 组和 dmbda 用户,并修改/dm8 目录的
权限:

```
[root@ localhost /]# groupadd dinstall
[root@ localhost /]# useradd -g dinstall dmdba
[root@ localhost /]# chown dmdba:dinstall /dm8
```

1.6.5　配置环境变量(可选项)

配置 DM8 的环境变量,如图 1-3 所示。

```
[dmdba@localhost ~]$ cat .bash_profile
# .bash_profile

# Get the aliases and functions
if [ -f ~/.bashrc ]; then
    . ~/.bashrc
fi

# User specific environment and startup programs

PATH=$PATH:$HOME/.local/bin:$HOME/bin

export DM_HOME=/dm8
export PATH=$PATH:$HOME/.local/bin:$HOEM/bin:$DM_HOME/bin:$DM_HOME/tool

[dmdba@localhost ~]$
```

图 1-3　配置 DM8 的环境变量

1.6.6　设置文件最大打开数目

方式一:临时修改文件最大打开数目(仅限当前会话有效)。命令如下:

```
[root@ localhost /]#  ulimit - n 65536
```

方式二:修改相关的配置文件,重启服务器后,永久生效。命令如下:

```
[root@ localhost /]#  vi /etc/security/limits.conf
dmdba soft nofile 4096
dmdba hard nofile 65536
```

1.6.7　安装数据库软件

(1)挂载安装盘,安装盘 iso 文件放在/opt 目录下:

```
[root@localhost opt]# ls
apache-tomcat-7.0.39.tar                    DMDeploy              rh
dm8_20201107_x86_rh6_64_ent_8.1.1.144.iso   jdk-6u45-linux-x64.bin
[root@localhost opt]#
[root@ localhost  opt]# mount  - o  loop
/opt/dm8_setup_rh7_64_ent_8.1.1.88_20200629.iso  /mnt
```

(2)开始安装达梦数据库,切换到 dmdba 用户下,执行 DMInstall.bin 命令:

```
[root@ localhost opt]#  su - dmdba
[dmdba@ localhost ~ ]$  cd /mnt
[dmdba@ localhost mnt]$  ls
DM8 Install.pdf  DMInstall.bin
[dmdba@ localhost mnt]$  ./DMInstall.bin
```

(3)选择语言与时区,如图 1-4 所示。

图 1-4　选择语言与时区

（4）使用达梦数据库安装向导，如图 1-5 所示。

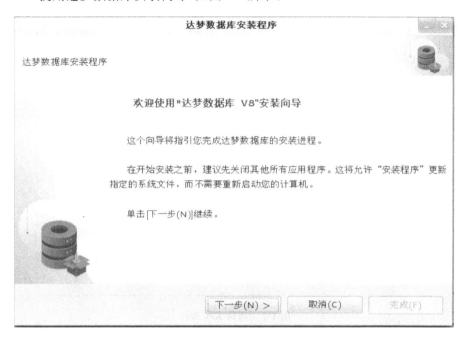

图 1-5　使用达梦数据库安装向导

（5）接受许可证协议，如图 1-6 所示。

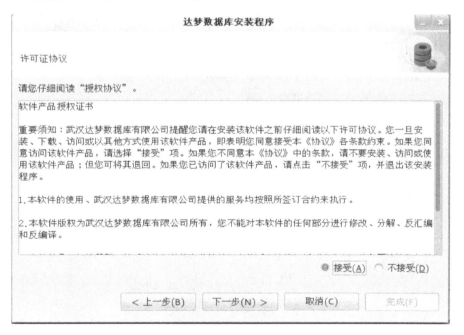

图 1-6　接受许可证协议

（6）选择 Key 文件,如图 1-7 所示。

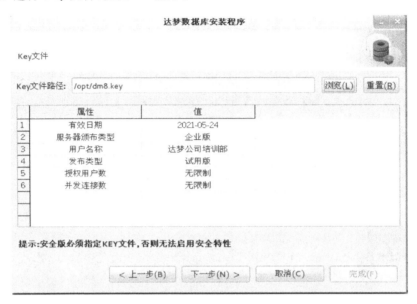

图 1-7 选择 Key 文件

（7）选择安装类型,如图 1-8 所示。

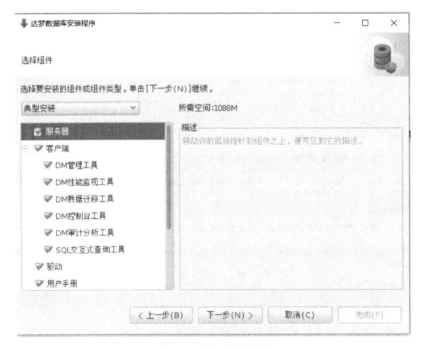

图 1-8 选择安装类型

（8）选择安装位置，如图1-9所示。

图1-9　选择安装位置

（9）阅读安装前小结信息，如图1-10所示。

图1-10　阅读安装前小结信息

（10）执行配置脚本，如图 1-11 所示。

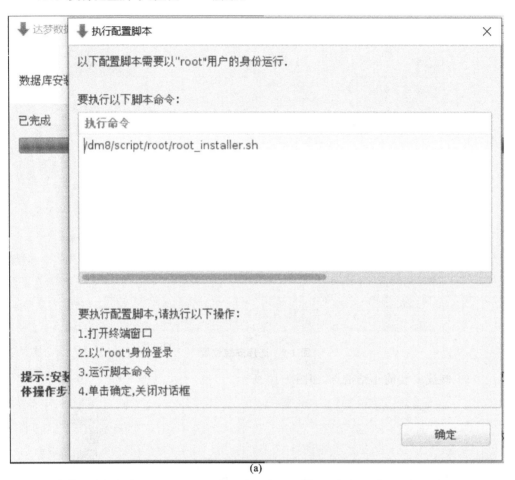

(a)

(b)

图 1-11　执行配置脚本

（11）安装完成。安装目录如图 1-12 所示。

安装目录中主要内容介绍如下。

①bin：包含达梦数据库命令和 lib 库。

②doc：包含所有的用户手册和操作手册。

```
[dmdba@localhost dm8]$ ll
总用量 36
drwxr-xr-x  8 dmdba dinstall 8192 11月  9 11:50 bin
drwxr-xr-x  2 dmdba dinstall   29 11月  9 11:47 bin2
drwxr-xr-x  3 dmdba dinstall   18 11月  9 11:47 desktop
drwxr-xr-x  2 dmdba dinstall 4096 11月  9 11:48 doc
drwxr-xr-x 10 dmdba dinstall   95 11月  9 11:48 drivers
drwxr-xr-x  2 dmdba dinstall 4096 11月  9 11:47 include
drwxr-xr-x  2 dmdba dinstall   91 11月  9 11:47 jar
drwxr-xr-x  6 dmdba dinstall   50 11月  9 11:46 jdk
-rwxr-xr-x  1 dmdba dinstall 1066 11月  9 11:47 license_en.txt
-rwxr-xr-x  1 dmdba dinstall 1128 11月  9 11:47 license_zh.txt
drwxr-xr-x  2 dmdba dinstall  112 11月  9 11:50 log
drwxr-xr-x  6 dmdba dinstall   88 11月  9 11:47 samples
drwxr-xr-x  3 dmdba dinstall   35 11月  9 11:47 script
drwxr-xr-x  9 dmdba dinstall 4096 11月  9 11:48 tool
drwxr-xr-x  3 dmdba dinstall   92 11月  9 11:48 uninstall
-rwxr-xr-x  1 dmdba dinstall 2433 11月  9 11:48 uninstall.sh
drwxr-xr-x  2 dmdba dinstall   87 11月  9 11:48 web
[dmdba@localhost dm8]$
```

图 1-12 安装目录

③drivers:包含相关的接口驱动文件。

④include:C 语言的头文件。

⑤jar:jar 包。

⑥log:日志文件。

⑦jdk:java 包。

⑧tool:客户端工具。

⑨script:达梦数据库脚本文件。

⑩web:达梦数据库 dem。

1.6.8 卸载软件

如果已经存在数据库实例,则停止数据库,执行 uninstall. sh。

如果只安装了软件,则可以直接执行 uninstall. sh。脚本 uninstall. sh 在安装目录/dm8/Script/root 下。

利用命令方式卸载数据库软件:

```
[dmdba@ localhost root]$ pwd  /dm8/Script/root
[dmdba@ localhost root]$ ./uninstall.sh
```

1.6.9 创建数据库

1. 图形化界面方式:使用 dbca.sh 工具

(1)启动 dbca.sh 工具:

```
[dmdba@ localhost ~ ]$ /dm8/tool/dbca.sh
```

创建数据库模板,如图 1-13 所示。

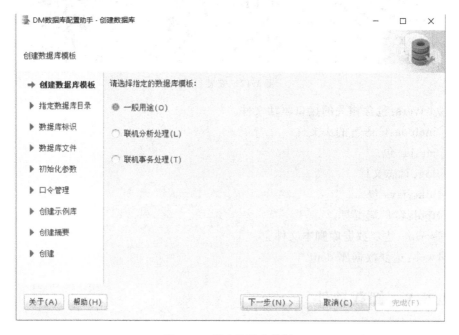

图 1-13   创建数据库模板

(2)指定数据库目录,如图 1-14 所示。

(3)指定数据库名、实例名、端口号,如图 1-15 所示。

(4)创建数据库日志文件,如图 1-16 所示。

(5)初始化参数,如图 1-17 所示。

(6)进行口令管理,如图 1-18 所示。

(7)创建摘要,如图 1-19 所示。

(8)执行实例初始化所需脚本,如图 1-20 所示。

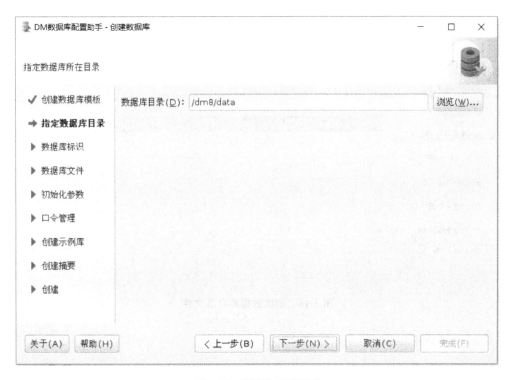

图 1-14　指定数据库目录

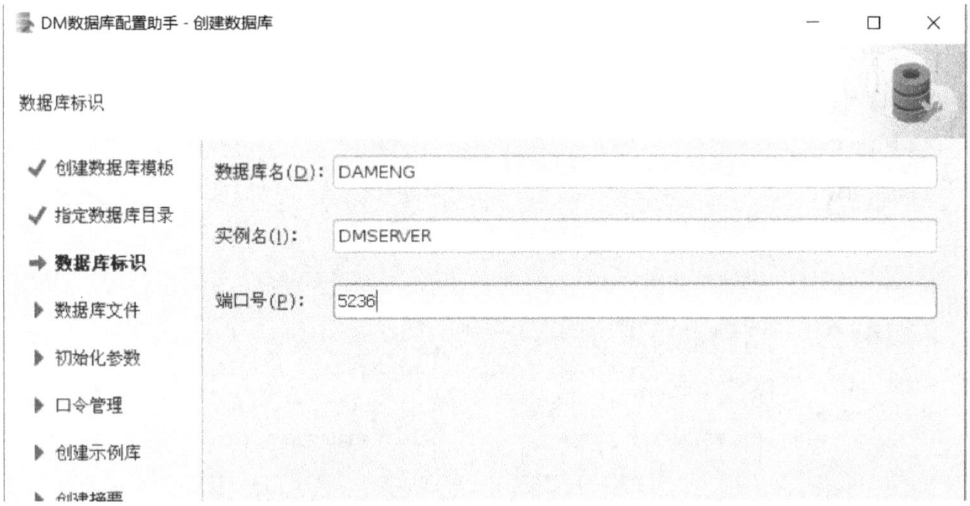

图 1-15　指定数据库名、实例名、端口号

图 1-16　创建数据库日志文件

图 1-17　初始化参数

图 1-18 进行口令管理

图 1-19 创建摘要

(a)

(b)

图 1-20 执行实例初始化所需脚本

2. 命令行方式:使用 dminit 命令行工具

dminit 语法如下:

```
[dmdba@ dm01 data]$  dminit path = /dm8/data db_name = DM02 instance_name
= DM02 PORT_NUM = 5239
```

实例初始化完成后,需要将实例服务手工注册到操作系统中,具体操作如下:

```
[root@ dm01 root]#  pwd
/dm8/script/root
[root@ dm01 root]#  ./dm_service_installer.sh -t dmserver -dm_ini
/dm8/data/DM02/dm.ini-p DM02
Created symlink
```

　　/etc/systemd/system/multi-user.target.wants/DmServiceDM02.service → /ur/lib/systemd/system/DmServiceDM02.service.

　　创建服务(DmServiceDM02)完成

在 DM8 的服务查看器中查看手工注册的 DmServiceDM02 服务,如图 1-21 所示。

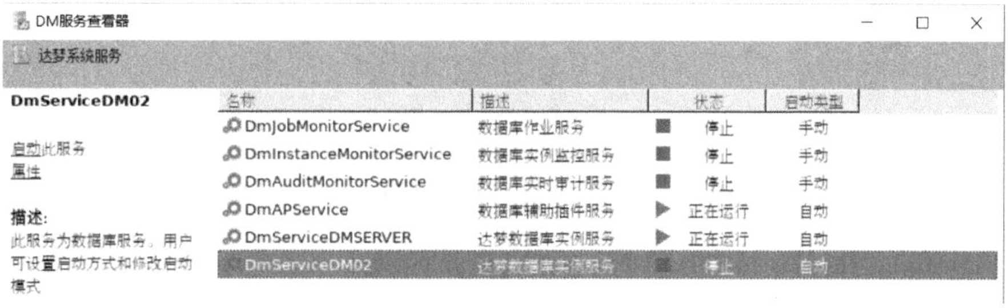

图 1-21　查看手工注册的 DmServiceDM02 服务

在图 1-21 中,我们看到 DmServiceDM02 服务处于停止状态。我们可以在"DM 服务查看器"界面直接启动 DmServiceDM02 服务,也可以通过操作系统的服务来启动 DmServiceDM02 服务。具体操作如下:

```
[root@ dm01 root]# systemctl start DmServiceDM02.service
[root@ dm01 root]# systemctl stop DmServiceDM02.service
```

至此,达梦数据库软件安装完成,实例也初始化完成。

任务2 数据库日常运维

2.1 任务说明

在任务1中,我们已经安装好了数据库并初始化了相关实例,在任务2中,我们将在安装部署好的数据库上进行一些日常的运维管理。检查达梦数据库运行情况,包含:检查达梦数据库基本状况,检查达梦数据库服务线程,检查死锁及处理,检查CPU、I/O、内存性能,定期做统计分析,检查缓冲区,检查共享池,检查排序区,检查日志等。

本任务的目的是建立相应的表空间、用户、表、视图和索引,管理和维护这些对象,保障数据库正常、稳定的运行。

2.2 任务所需知识点

2.2.1 表空间管理

在达梦数据库中,表空间由一个或者多个数据文件组成。达梦数据库中的所有对象在逻辑上都存放在表空间中,而在物理上都存储在所属表空间的数据文件中。创建达梦数据库时,会自动创建5个表空间,即:SYSTEM 表空间、ROLL 表空间、MAIN 表空间、TEMP 表空间和 HMAIN 表空间。

每一个用户都有一个默认的表空间。对于 SYS、SYSSSO、SYSAUDITOR 用户,默认表空间是 SYSTEM 表空间;对于 SYSDBA 用户,默认表空间是 MAIN 表空间;对于新创建的用户,如果没有指定默认表空间,则系统自动指定 MAIN 表空间为默认表空间。如果用户创建表,一般情况下,建议用户自己创建一个表空间来存放业务数据,或者将数据存放在默认的 MAIN 表空间中。

用户可以通过执行如下语句来查看表空间相关信息。

SYSTEM、ROLL、MAIN 和 TEMP 表空间查看语句如下：

```
SELECT *  FROM v$tablespace;
```

HMAIN 表空间查看语句如下：

```
SELECT *  FROM v$huge_tablespace;
```

1. 创建表空间

(1) 使用 DM 管理工具创建表空间，如图 2-1 所示，其参数说明如表 2-1 所示。

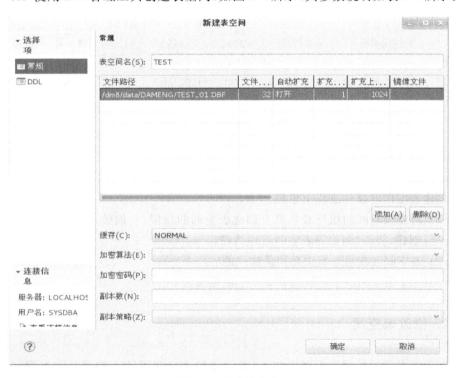

图 2-1　创建表空间

表 2-1　使用 DM 管理工具创建表空间参数说明

参　数	说　　明
表空间名	表空间的名称
文件路径	数据文件的路径。可以单击浏览按钮来浏览本地数据文件路径，也可以手动输入数据文件路径，但该路径应该对服务器端有效，否则无法创建

参　　　数	说　　　明
文件大小	数据文件的大小。单位：MB
自动扩充	数据文件的自动扩充属性状态。其包括三种情况：默认（使用服务器默认设置）、打开（开启数据文件的自动扩充）、关闭（关闭数据文件的自动扩充）
扩充尺寸	数据文件每次扩展的大小。单位：MB
扩充上限	数据文件可以扩充到的最大值。单位：MB

（2）使用 SQL 语句创建表空间。

创建表空间语法格式如下：

```
<数据文件子句>::= DATAFILE <文件说明项>{,<文件说明项>}
<文件说明项>::= <文件路径>[ MIRROR <文件路径>] SIZE <文件大小>[<自动扩展
子句>]
<自动扩展子句>::= AUTOEXTEND <ON [<每次扩展大小子句>][<最大大小子句>|OFF
>
<每次扩展大小子句>::= NEXT <扩展大小>
<最大大小子句>::= MAXSIZE <文件最大大小>
<数据页缓冲池子句>::= CACHE = <缓冲池名>
```

创建表空间时需注意以下事项。

（1）创建表空间的用户必须具有创建表空间的权限，一般使用具有 DBA 权限的用户进行创建、修改、删除等表空间管理活动。

（2）表空间名在服务器中必须是唯一的。

（3）一个表空间最多可以拥有 256 个数据文件。

2. 修改表空间

随着数据库的数据量不断增加，原来创建的表空间可能不能满足数据存储的需要，应当适时对表空间进行修改，增加数据文件或者扩展数据文件的大小。同样地，可以使用 DM 管理工具和 SQL 语句修改表空间。

（1）使用 DM 管理工具修改表空间，如图 2-2 所示。

（2）使用 SQL 语句修改表空间。

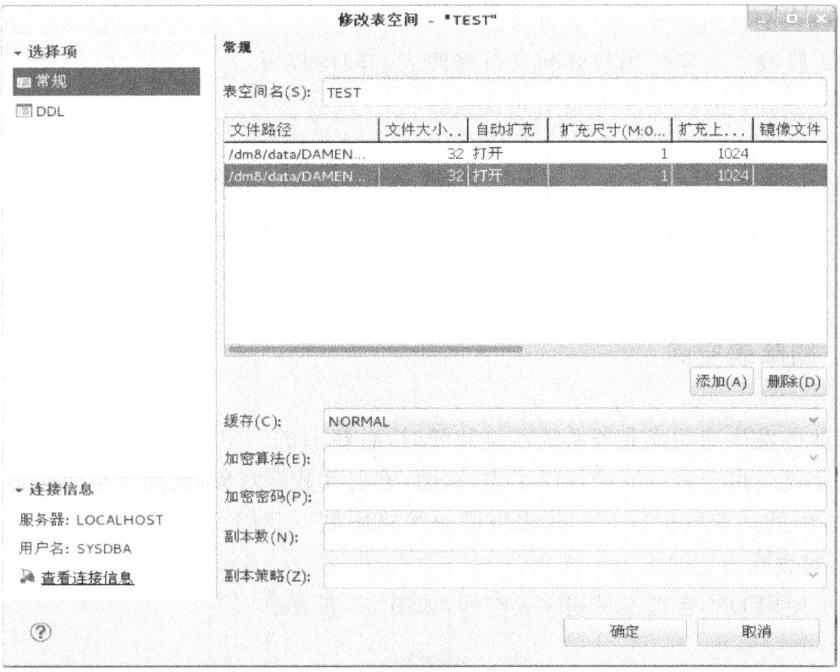

图 2-2 修改表空间

表空间修改语法格式如下：

ALTER TABLESPACE <表空间名>[ONLINE|OFFLINE|CORRUPT|<表空间重命名子句>|<数据文件重命名子句>|<增加数据文件子句>|<修改文件大小子句>|<修改文件自动扩展子句>|<数据页缓冲池子句>]

<表空间重命名子句>::= RENAME TO <表空间名>

<数据文件重命名子句>::= RENAME DATAFILE <文件路径>{,<文件路径>} TO <文件路径>{,<文件路径>}

<增加数据文件子句>::= ADD <数据文件子句>

<数据文件子句>::= DATAFILE <文件说明项>{,<文件说明项>}

<文件说明项>::= <文件路径>[MIRROR <文件路径>] SIZE <文件大小>[<自动扩展子句>]

<修改文件大小子句>::= RESIZE DATAFILE <文件路径>TO <文件大小>

<修改文件自动扩展子句>::= DATAFILE <文件路径>{,<文件路径>}[<自动扩展子句>]

<自动扩展子句>::= AUTOEXTEND <ON [<每次扩展大小子句>][<最大大小子句>]|OFF>

<每次扩展大小子句>::= NEXT <扩展大小>

<最大大小子句>::= MAXSIZE <文件最大大小>

<数据页缓冲池子句>::= CACHE = <缓冲池名>

修改表空间时要注意以下事项。

（1）修改表空间的用户必须具有修改表空间的权限，一般使用具有 DBA 权限的用户进行创建、修改、删除等表空间管理活动。

（2）修改表空间数据文件大小时，其大小必须大于数据文件自身大小。

（3）如果表空间有未提交事务，不能修改表空间的 OFFLINE 状态。

（4）重命名表空间数据文件时，表空间必须处于 OFFLINE 状态，修改成功后再将表空间状态修改为 ONLINE 状态。

3. 删除表空间

当业务发生变动或业务系统需要升级时，有些旧的表空间就需要删除，用新的表空间来替代。由于表空间中存储了表、视图、索引等数据对象，删除表空间必然导致数据损失，因此达梦数据库对删除表空间有严格限制。我们可以使用 DM 管理工具和 SQL 语句删除表空间。

（1）使用 DM 管理工具删除表空间，如图 2-3 所示。

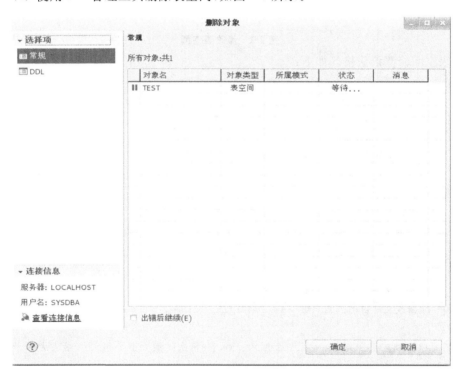

图 2-3　删除表空间

（2）使用 SQL 语句删除表空间。

删除表空间语法格式如下：

```
DROP TABLESPACE   <表空间名>
```

删除表空间时要注意以下事项。

(1) 不允许删除 SYSTEM、RLOG、ROLL 和 TEMP 表空间。

(2) 删除表空间的用户必须具有删除表空间的权限,一般使用具有 DBA 权限的用户进行创建、修改、删除等表空间管理活动。

(3) 系统处于 SUSPEND 或 MOUNT 状态时不允许删除表空间,系统只有处于 OPEN 状态时才允许删除表空间。

(4) 如果表空间存放了数据,则不允许删除表空间。如果确实要删除表空间,则必须先删除表空间中的数据对象。

4. 查询表空间 EMP 的相关信息

DM8 使用段、簇和页实现数据的物理组织。DM 支持使用系统函数来查看表的空间使用情况,包括:

(1) TABLE_USED_SPACE。已分配给表的页面数;

(2) TABLE_USED_PAGES。表已使用的页面数。

跟表空间相关的数据字典如下:

(1) DBA_DATA_FILE。表空间相关信息查询;

(2) DBA_FREE_SPACE。表空间空余信息查询。

相关 SQL 查询语句如下:

```
select tablespace_name,file_name,bytes /1024/1024 total_space, user_bytes /1024/1024 user_space
from dba_data_files where tablespace_name= 'EMP'
```

表空间 EMP 的相关信息查询结果如图 2-4 所示。

	TABLESPACE_NAME VARCHAR(128)	FILE_NAME VARCHAR(256)	TOTAL_SPACE BIGINT	USER_SPACE BIGINT
1	EMP	/dm8/data/DAMENG/EMP_01.DBF	32	31
2	EMP	/dm8/data/DAMENG/EMP_02.DBF	32	31

图 2-4 表空间 EMP 的相关信息查询结果

5. 查询表空间空闲情况

相关 SQL 查询语句如下:

```
select tablespace_name,file_id,block_id,bytes/1024/1024 free_space_MB,
blocks, relative_fno  from dba_free_space;
```

表空间空闲情况查询结果如图 2-5 所示。

| TABLESPACE_NAME | FILE_ID | BLOCK_ID | FREE_SPACE_MB | BLOCKS | RELATIVE_FNO |
VARCHAR(128)	INT	BIGINT	DEC	DEC	INT
SYSTEM	0	1856	17.1796875	2199	0
EMP	1	48	31.8671875	4079	1
EMP	0	48	31.8671875	4079	0
DMHR	0	16	127.9375	16376	0
BOOKSHOP	0	720	149.1015625	19085	0
MAIN	0	336	127.5078125	16321	0
TEMP	0	32	9.921875	1270	0
ROLL	0	1504	118.8828125	15217	0

图 2-5　表空间空闲情况查询结果

2.2.2　用户管理

在现实生活中,如果一个系统将所有的权利都赋予某一个人,而不加以监督和限制,则一定会产生权利滥用的风险。从数据库安全角度出发,一个大型的数据库系统有必要将数据库系统的权限分配给不同的角色来管理,并且不同的角色偏重于不同的工作职责,使之能够互相监督和限制,从而有效保证系统的整体安全。

达梦数据库采用"三权分立"或"四权分立"的安全机制,对系统中所有权限按照类型的不同进行划分,为每个管理员分配相应的权限,管理员之间的权限相互制约又相互协助,从而使整个系统具有较高的安全性和灵活性。

1. 创建用户

(1) 使用 DM 管理工具创建用户,如图 2-6 所示。

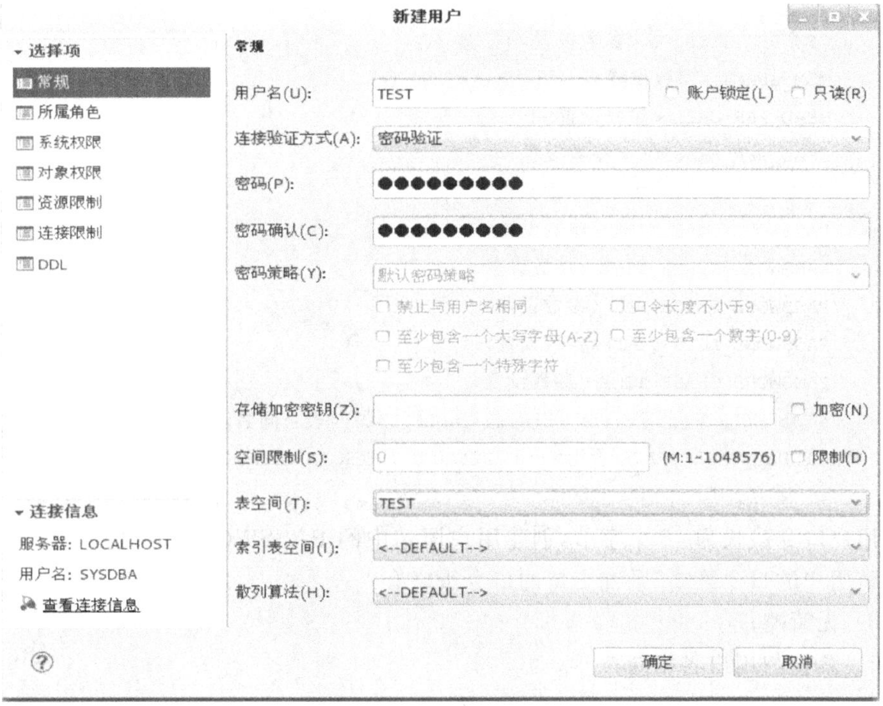

图 2-6　创建用户

（2）使用 SQL 语句创建用户。

创建用户语法格式如下：

```
CREATE USER <用户名>IDENTIFIED <身份验证模式>[PASSWORD_POLICY <口令策略>]
[<锁定子句>][<存储加密密钥>][<空间限制子句>][<只读标志>][<资源限制子句>][<允
许 IP 子句>][<禁止 IP 子句>][<允许时间子句>][<禁止时间子句>][<TABLESPACE 子句>]
[<INDEX_TABLESPACE 子句>]
    <数据库身份验证模式>::=  BY <口令>
    <口令策略>::=  口令策略项的任意组合
    <锁定子句>::=  ACCOUNT LOCK | ACCOUNT UNLOCK
    <存储加密密钥>::=  ENCRYPT BY <口令>
    <空间限制子句>::=  DISKSPACE LIMIT <空间大小>| DISKSPACE UNLIMITED
    <只读标志>::=  READ ONLY | NOT READ ONLY
    <资源限制子句>::=  LIMIT <资源设置项>{,<资源设置项>}
    <资源设置项>::=  SESSION_PER_USER <参数设置>|
CONNECT_IDLE_TIME <参数设置>|
CONNECT_TIME <参数设置>|
CPU_PER_CALL <参数设置>|
```

```
CPU_PER_SESSION <参数设置>|
MEM_SPACE <参数设置>|
READ_PER_CALL <参数设置>|
READ_PER_SESSION <参数设置>|
FAILED_LOGIN_ATTEMPS <参数设置>|
PASSWORD_LIFE_TIME <参数设置>|
PASSWORD_REUSE_TIME <参数设置>|
PASSWORD_REUSE_MAX <参数设置>|
PASSWORD_LOCK_TIME <参数设置>|
PASSWORD_GRACE_TIME <参数设置>
<TABLESPACE 子句>::=  DEFAULT TABLESPACE <表空间名>
<INDEX_TABLESPACE 子句>::=  DEFAULT INDEX TABLESPACE <表空间名>
```

用户口令最长为 48 个字节,创建用户语句中的 PASSWORD POLICY 子句用来指定该用户的口令策略,系统支持的口令策略有:

0　无策略;

1　禁止与用户名相同;

2　口令长度不小于 9;

4　至少包含一个大写字母(A~Z);

8　至少包含一个数字(0~9);

16　至少包含一个标点符号(英文输入法状态下,除引号(″ ″)和空格外的所有符号)。

若为其他数字,则表示以上设置值的和,例如,3＝1＋2,表示同时启用第 1 项和第 2 项策略。设置值为 0 表示设置口令没有限制,但总长度不得超过 48 个字节。另外,若不指定该项,则默认采用系统配置文件中 PWD_POLICY 所设的值。

资源设置项说明如表 2-2 所示。

表 2-2　资源设置项说明

资源设置项	说　　明	最　大　值	最小值	缺省值
SESSION_PER_USER	在一个实例中,一个用户可以同时拥有的会话数量	32768	1	系统所能提供的最大值
CONNECT_TIME	一个会话连接、访问和操作数据库服务器的时间上限。单位:1 分钟	1440(1 天)	1	无限制
CONNECT_IDLE_TIME	会话最大空闲时间。单位:1 分钟	1440(1 天)	1	无限制

续表

资源设置项	说　明	最　大　值	最小值	缺省值
FAILED_LOGIN_ ATTEMPS	将引起一个账户被锁定的连续注册失败的次数	100	1	3
CPU_PER_SESSION	一个会话允许使用的CPU时间上限。单位:秒	31536000（365天）	1	无限制
CPU_PER_CALL	用户的一个请求能够使用的CPU时间上限。单位:秒	86400(1天)	1	无限制
READ_PER_SESSION	会话能够读取的总数据页数上限	2147483646	1	无限制
READ_PER_CALL	每个请求能够读取的数据页数	2147483646	1	无限制
MEM_SPACE	会话占有的私有内存空间上限。单位:MB	2147483647	1	无限制
PASSWORD_LIFE_ TIME	一个口令在其终止前可以使用的天数	365	1	无限制
PASSWORD _ REUSE _TIME	一个口令在可以重新使用前必须经过的天数	365	1	无限制
PASSWORD _ REUSE _MAX	一个口令在可以重新使用前必须改变的次数	32768	1	无限制
PASSWORD_LOCK_ TIME	如果超过 FAILED _ LOGIN _ ATTEMPS 设置值,一个账户将被锁定的分钟数	1440(1天)	1	1
PASSWORD _ GRACE _TIME	以天为单位的口令过期宽限时间	30	1	10

2. 修改用户

（1）使用 DM 管理工具修改用户基本信息,如图 2-7 所示。

（2）修改用户所属角色,如图 2-8 所示。

（3）修改用户对象权限,如图 2-9 所示。

（4）修改用户资源限制,如图 2-10 所示。

（5）修改用户连接限制,如图 2-11 所示。

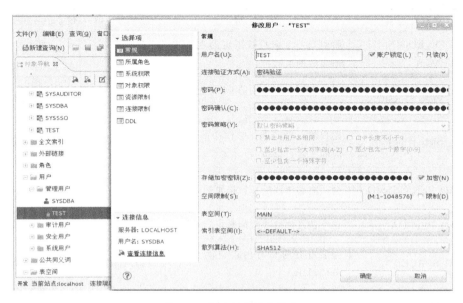

图 2-7　修改用户基本信息

图 2-8　修改用户所属角色

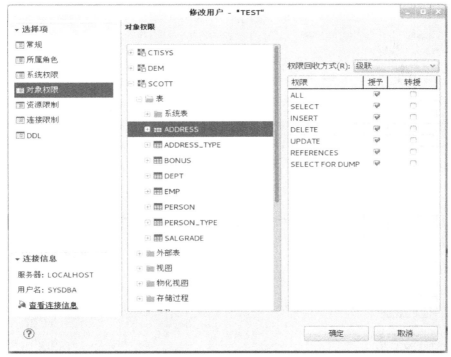

图 2-9 修改用户对象权限

图 2-10 修改用户资源限制

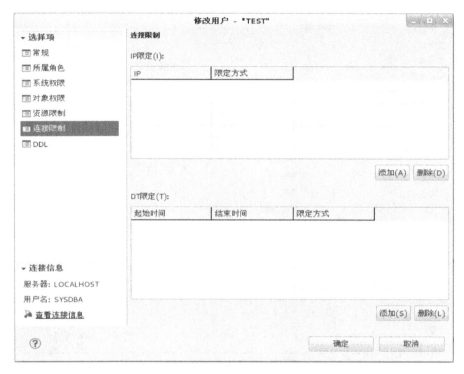

图 2-11 修改用户连接限制

(6)使用 SQL 语句修改用户:

> **alter user** "TEST" **default tablespace** "TEST"; - - - 修改用户的默认表空
间
> **revoke** "DBA" **from** "TEST"; - - - 撤销 test 用户的 DBA
角色
> **grant SELECT on** "SCOTT"."ADDRESS" **to** "TEST"; - - - 将 scott.ADDRESS 表
的查询权限给 test 用户
> **grant INSERT on** "SCOTT"."ADDRESS" **to** "TEST"; - - - 将 scott.ADDRESS 表
的插入权限给 test 用户
> **grant DELETE on** "SCOTT"."ADDRESS" **to** "TEST"; - - - 将 scott.ADDRESS 表
的删除权限给 test 用户
> **grant UPDATE on** "SCOTT"."ADDRESS" **to** "TEST"; - - - 将 scott.ADDRESS 表
的更新权限给 test 用户
> **grant REFERENCES on** "SCOTT"."ADDRESS" **to** "TEST"; - - - 将 scott.ADDRESS 表
的资源权限给 test 用户

3. 删除用户

（1）使用 DM 管理工具删除用户，如图 2-12 所示。

图 2-12　删除用户

（2）使用 SQL 语句删除用户：

```
drop user "TEST"              - - - 删除用户
drop user "TEST" cascade;     - - - 级联删除用户，会将用户下的所有对象全部一起
删除
```

4. 用户的相关权限查询

用户的相关权限查询语句如下：

```
select *  from USER_COL_PRIVS;     - - - 显示当前用户的权限
select *  from DBA_TAB_PRIVS;      - - - 系统中所有表的权限
select *  from ALL_COL_PRIVS;      - - - 显示当前用户所有可见列的权限信息
select *  from DBA_COL_PRIVS;      - - - 系统中所有列的权限
select *  from USER_ROLE_PRIVS;    - - - 传授给当前用户的角色
```

```
select *  from DBA_ROLE_PRIVS;      - - - 系统中所有角色权限
select *  from USER_SYS_PRIVS;      - - - 传授给当前用户的系统权限
select *  from DBA_SYS_PRIVS;       - - - 显示系统中所有传授给用户和角色的
权限
select *  from ALL_TAB_PRIVS;       - - - 显示当前用户所有可见表的权限信息
select *  from USER_TAB_PRIVS;      - - - 显示当前用户作为对象拥有者、授权者或
被授权者的数据库对象权限
select *  from DBA_TAB_PRIVS;       - - - 显示系统中所有用户的数据库对象权限
信息
select *  from DBA_ROLES;           - - - 显示系统中所有的角色
```

2.2.3　基本表管理

基本表是数据库中存储数据的基本单元,是对用户数据进行读和操纵的逻辑实体。表由列和行组成,每一行代表一个单独的记录。表中包含一组固定的列,表中的列描述该表所跟踪的实体的属性,每列都有一个名字及各自的特性。列的特性由两部分组成:数据类型(datatype)和长度(length)。DM 系统具有 SQL-92 的绝大部分数据类型,以及部分 SQL-99、Oracle 和 SQL Server 的数据类型。

基本表的完整性分为实体完整性、域完整性、参考完整性。

(1)实体完整性:定义表中所有行能被唯一标识。一般用主键、唯一索引、UNIQUE 关键字及 IDENTITY 属性来定义。

(2)域完整性:通常指数据的有效性。用来限制数据类型、缺省值、规则、约束、是否可以为空等条件,保证数据的完整性,确保我们不会输入无效的值。

(3)参考完整性:维护多表之间数据的有效性、完整性,通常通过建立外键联系另一表的主键来实现。

2.2.3.1　规划基本表

(1)基本表的命名规则:在 DM 系统中以字母开头,后面可以接字母(a~z/A~Z)、数字(0~9)和特殊符号($、#、_)。

(2)基本表的数据类型:int ,char, varchar, date, clob, blob, number 等。

(3)基本表的存储位置:对于自己规划的表空间,如果没有指定表空间,则会存储在系统默认表空间中。在 DM 系统中,如果不指定表空间,则会存储在 MAIN 表空间中。

(4)基本表的约束:对表中的数据进行限制,保证数据的正确性、有效性和完整

性。DM 系统中相关的约束有：主键约束、外键约束、非空约束、唯一约束、检查约束。

①主键约束：用来唯一标识数据库中的每一条记录，主键不能为空，并且主键必须是唯一的。

②外键约束：表的外键是另一个表的主键，外键可以有重复的，可以是空值，外键用来保证数据的正确性。

③非空约束：数据表中的某一列不能为 null。

④唯一约束：表中的某一列不能出现重复的值，必须保证值的唯一性。

⑤检查约束：对整个表或者某一列的值进行规范。

2.2.3.2　创建基本表

创建基本表的语法为：

```
CREATE  TABLE <表名定义><表结构定义>;
<表名定义>::=[<模式名>.] <表名>
<表结构定义>::= (<列定义>{,<列定义>}[,<表级约束定义>{,<表级约束定义>}])
<列定义>::=<普通列定义>[<列定义子句>]
<普通列定义>::=<列名><数据类型>
<列定义子句>::=  DEFAULT <列缺省值表达式>|
      <IDENTITY 子句>|
       <列级约束定义>|
      DEFAULT <列缺省值表达式><列级约束定义>|
       <IDENTITY 子句><列级约束定义>|
            <列级约束定义>DEFAULT <列缺省值表达式>|
            <列级约束定义><IDENTITY 子句>
       <IDENTITY 子句>::=IDENTITY [(<种子>,<增量>)]
      <列级约束定义>::=<列级完整性约束>{,<列级完整性约束>}
       <列级完整性约束>::=[CONSTRAINT <约束名>] <column_constraint_
action>[<失效生效选项>]
         <column_constraint_action>::=  [NOT] NULL |
            <唯一性约束选项>[USING INDEX TABLESPACE {<表空间名>|
DEFAULT}]|
             <引用约束>|
            CHECK (<检验条件>)|
             <唯一性约束选项>::=[PRIMARY KEY ]|[[NOT] CLUSTER PRIMARY
KEY] |[CLUSTER [UNIQUE] KEY] | UNIQUE |
            <引用约束>::=[FOREIGN KEY] REFERENCES [PENDANT][<模式名>.]
<表名>[(<列名>{,<列名>})])]
```

```
            <失效生效选项>::=ENABLE | DISABLE
        <表级约束定义>::=    〔CONSTRAINT <约束名>〕<表级约束子句>[<失效生效选项>]
            <表级约束子句>::=<表级完整性约束>
        <表级完整性约束>::=    <唯一性约束选项>(<列名>{,<列名>})〔USING
  INDEX TABLESPACE{ <表空间名>| DEFAULT}〕|
                FOREIGN KEY (<列名>{,<列名>}) <引用约束>|
                CHECK (<检验条件>)
```

参数说明如下。

(1)＜模式名＞:指明该表属于哪个模式,缺省为当前模式。

(2)＜表名＞:指明被创建的基本表名,基本表名最大长度为128字节。

(3)＜列名＞:指明基本表中的列名,列名最大长度为128字节。

(4)＜数据类型＞:指明列的数据类型。

(5)＜列缺省值表达式＞:如果其后的INSERT语句省略了插入的列值,那么此项为列值指定一个缺省值,可以通过DEFAULT指定一个值。DEFAULT表达式串的长度不能超过2048字节;

(6)＜列级完整性约束定义＞中的参数的意义如下。

①NULL:指明指定列可以包含空值,为缺省选项。

②NOT NULL:非空约束,指明指定列不可以包含空值。

③UNIQUE:唯一性约束,指明指定列作为唯一关键字。

④PRIMARY KEY:主键约束,指明指定列作为基表的主关键字。

⑤CLUSTER PRIMARY KEY:主键约束,指明指定列作为基表的聚集索引(也叫聚簇索引)主关键字。

⑥NOT CLUSTER PRIMARY KEY:主键约束,指明指定列作为基表的非聚集索引主关键字。

⑦CLUSTER KEY:指定列为聚集索引键,但不是唯一的。

⑧CLUSTER UNIQUE KEY:指定列为聚集索引键,并且是唯一的。

⑨USING INDEX TABLESPACE ＜表空间名＞:指定索引存储的表空间。

⑩REFERENCES:指明指定列的引用约束。引用约束要求引用对应列类型必须基本一致。

⑪CHECK:检查约束,指明指定列必须满足的条件。

(7)＜表级完整性约束定义＞中的参数的意义如下。

①UNIQUE 唯一性约束,指明指定列或列的组合作为唯一关键字。

②PRIMARY KEY 主键约束,指明指定列或列的组合作为基表的主关键字。指明 CLUSTER,表明是主关键字上聚集索引;指明 NOT CLUSTER,表明是主关键字上非聚集索引。

③USING INDEX TABLESPACE ＜表空间名＞指定索引存储的表空间。

④FOREIGN KEY 指明表级的引用约束，如果使用 WITH INDEX 选项，则为引用约束建立索引，否则不建立索引，通过其他内部机制保证约束正确性。

⑤CHECK 检查约束，指明基表中的每一行必须满足的条件。

⑥与列级约束之间不应该存在冲突。

（8）＜检验条件＞指明表中一列或多列能否接受的数据值或格式。

下面给出了创建一个基本表的例子。创建一个员工信息表，表名为 EMPLOYEE，要求该表中有：

（1）员工编号（EMPNO），数据类型为 INT，此列为主键列；

（2）员工姓名（ENAME），数据类型为 VARCHAR(15)，不允许为空；

（3）工作岗位（JOB），数据类型为 VARCHAR(10)；

（4）所属领导编号（MGR），数据类型为 INT；

（5）入职日期（HIREDATE），数据类型为 DATE，默认值为当前日期；

（6）工资（SALARY），数据类型为 FLOAT；

（7）部门编号（DEPTNO），数据类型为 TINYINT，不允许为空。

除了使用 SQL 语句创建基本表以外，还可以使用 DM 管理工具创建基本表。例如，使用 DM 管理工具创建员工信息表 EMPLOYEE，如图 2-13 所示。

图 2-13 创建员工信息表 EMPLOYEE

2.2.3.3 创建基本表的相关约束

约束是限制用户输入表中的数据的值的范围，一般分为主键约束、外部键约束、唯一约束、检查约束、非空约束。

表约束的基本语法格式为：

```
<列级约束定义>::=<列级完整性约束>{,<列级完整性约束>}
        <列级完整性约束>::=[CONSTRAINT <约束名>] <column_constraint_
action>[<失效生效选项>]
        <column_constraint_action>::=  [NOT] NULL |
            <唯一性约束选项>[USING INDEX TABLESPACE {<表空间名>|
DEFAULT}]|
                <引用约束>|
            CHECK (<检验条件>)|
            <唯一性约束选项>::=[PRIMARY KEY]| [[NOT] CLUSTER PRIMARY
KEY]|[CLUSTER [UNIQUE] KEY] | UNIQUE |
            <引用约束>::=[FOREIGN KEY] REFERENCES [PENDANT][<模式名>.]
<表名>[(<列名>{[,<列名>]})]
        <失效生效选项>::=ENABLE | DISABLE
    <表级约束定义>::=  [CONSTRAINT <约束名>]<表级约束子句>[<失效生效选项>]
        <表级约束子句>::=<表级完整性约束>
        <表级完整性约束>::=  <唯一性约束选项>(<列名>{,<列名>}) [USING
INDEX TABLESPACE{<表空间名>| DEFAULT}]|
            FOREIGN KEY (<列名>{,<列名>}) <引用约束>|
            CHECK (<检验条件>)
```

约束名：约束不指定名称时，系统会给定一个名称。

1. 主键(PRIMARY KEY)约束

PRIMARY KEY 约束用于定义基本表的主键，起唯一标识作用，其值不能为 NULL，也不能重复，以此来保证实体的完整性。

其语法格式如下：

```
CONSTRAINT<约束名>PRIMARY KEY
```

完整语法格式详见 2.2.3.3 节。

2. 唯一(UNIQUE)约束

UNIQUE 约束用于指明基本表在某一列或多个列的组合上的取值必须唯一。定义了 UNIQUE 约束的那些列称为唯一键,系统自动为唯一键建立唯一索引,从而保证了唯一键的唯一性。唯一键允许为空和 NULL。

其语法格式如下:

```
〔CONSTRAINT<约束名>〕UNIQUE
```

完整语法格式详见 2.2.3.3 节。

3. 检查(CHECK)约束

CHECK 约束用来检查字段值所允许的范围,例如,一个字段只能输入整数,而且限定在 0~100 之间的整数,以此来保证域的完整性。

其语法格式为:

```
〔CONSTRAINT<约束名>〕　CHECK (<条件>)
```

完整语法格式详见 2.2.3.3 节。

4. 外部键(FOREIGN KEY)约束

外部键约束用于强制参照完整性,提供单个字段或者多个字段的参照完整性。FOREIGN KEY 约束指定某一个列或一组列作为外部键,其中,包含外部键的表称为从表(参照表),包含外部键所引用的主键或唯一键的表称为主表(被参照表)。系统保证从表在外部键上的取值要么是主表中某一个主键值或唯一键值,要么是空值。以此保证两个表之间的连接,确保了实体的参照完整性。

其语法格式为:

```
〔CONSTRAINT< 约束名>〕FOREIGN KEY REFERENCES 〔< 模式名>.]< 表名> 〔(< 列名>
{[,< 列名>]})〕
```

完整语法格式详见 2.2.3.3 节。
当使用外部键约束时,应该考虑以下几个因素。

（1）外部键约束提供了字段参照完整性。

（2）外部键从句中的字段数目和每个字段指定的数据类型必须和 REFERENCES 从句中的字段相匹配。

（3）外部键约束不能自动创建索引，需要用户手动创建。

（4）用户要想修改外部键约束的数据，就必须有对外部键约束所参考表的 SELECT 权限或者 REFERENCES 权限。

（5）参考同一表中的字段时，必须只使用 REFERENCES 子句，不能使用外部键子句。

（6）一个表中最多可以有 31 个外部键约束。

（7）在临时表中，不能使用外部键约束。

（8）主键和外部键的数据类型必须严格匹配。

5. 非空约束

非空约束表示是否允许该字段的值为 NULL。NULL 值不是 0 也不是空白，更不是填入字符串"NULL"，而是表示"不知道""不确定"或"没有数据"的意思。当某一字段的值一定要输入才有意义时，可以设置为 NOT NULL。例如，主键列就不允许出现空值，否则就失去了唯一标识一条记录的作用。

其语法格式如下：

```
[CONSTRAINT<约束名>] [NOT]NULL
```

完整语法格式详见 2.2.3.3 节。

（1）创建非空约束：

```
SQL>create table test.t1(id int);
SQL>alter table test.t1 modify id int not null;
```

使用 DM 管理工具创建非空约束，如图 2-14 所示。

（2）创建唯一约束：

```
SQL>create table test.t3(id int, name varchar(20) unique);
```

使用 DM 管理工具创建唯一约束，如图 2-15 所示。

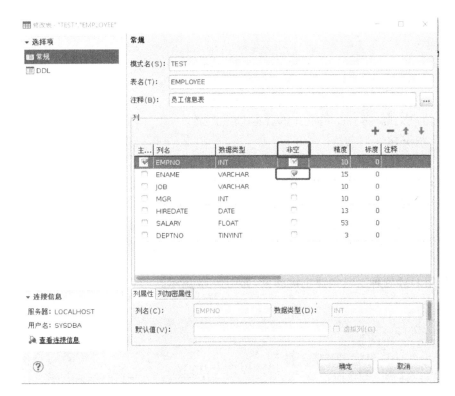

图 2-14　创建非空约束

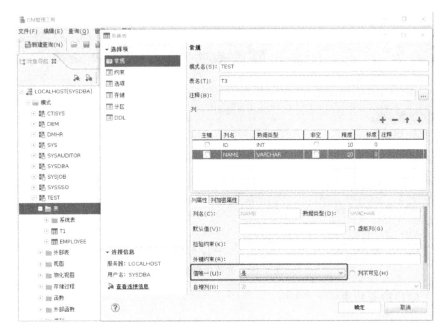

图 2-15　创建唯一约束

(3)测试唯一约束:

```
SQL>insert into test.t3 values(1,'test');
SQL>insert into test.t3 values(2,null);
SQL>insert into test.t3 values(3,null);
SQL>insert into test.t3 values(4,null);
Commit;
```

唯一约束遇到 null,忽略,可录入多个 null 值。

(4)创建主键约束(一个表只能有一个主键约束):

```
SQL>create table test.t4(id int primary key, name varchar(20));
```

使用 DM 管理工具创建主键约束,如图 2-16 所示。

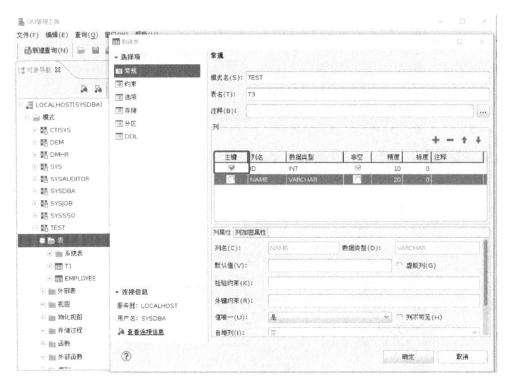

图 2-16   创建主键约束

(5)创建检查约束:

```
SQL>create table test.t3(id int primary key   check(id>= 5), name varchar(20));
```

使用 DM 管理工具创建检查约束,如图 2-17 所示。

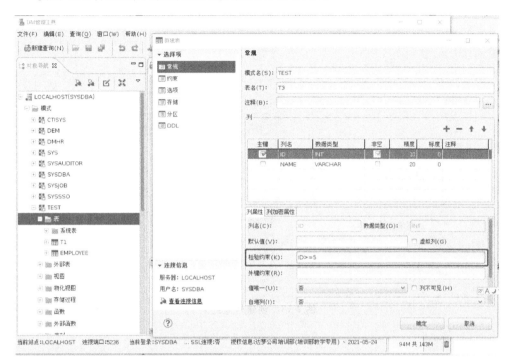

图 2-17　创建检查约束

(6) 创建外键约束:

```
SQL>create table test.t8(sid int primary key ,pid int);
SQL>create table test.t9(id int primary key,sid int foreign key references
test.t8(sid));
```

外键一定是其他表的主键。使用 DM 管理工具创建外键约束,如图 2-18 所示。

(7) 对列增加注释:

```
SQL>comment on column test.t8.sid is '编号';
```

使用 DM 管理工具对列增加注释,如图 2-19 所示。

(8) 查看约束:

```
SQL>select CONSTRAINT_NAME,CONSTRAINT_TYPE,TABLE_NAME,STATUS from dba_
constraints where TABLE_NAME= 'T4';
SQL>select *  from dba_col_comments where table_name= 'T4';
```

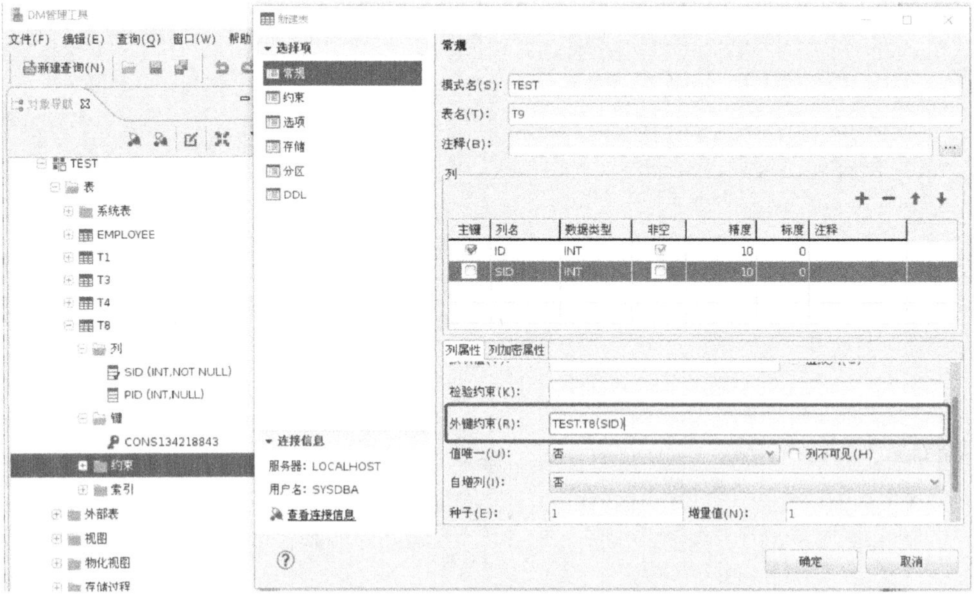

图 2-18　创建外键约束

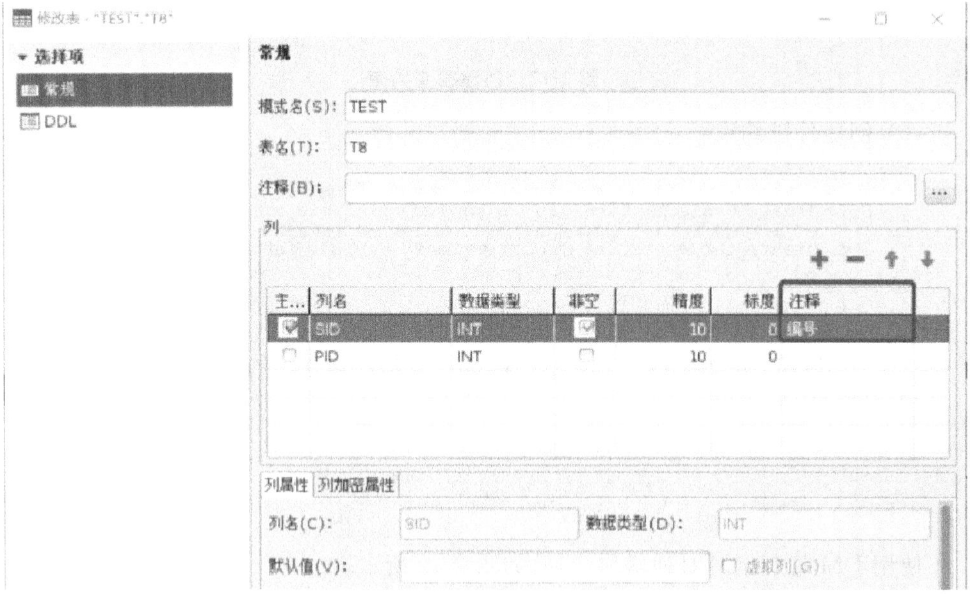

图 2-19　对列增加注释

使用 DM 管理工具查看约束，如图 2-20 所示。

图 2-20　查看约束

2.2.3.4　基本表的维护

（1）基本表增加一列：

```
SQL>alter table DMHR.TEST add column(COLUMN_1 char(10));
```

使用 DM 管理工具增加一列，如图 2-21 所示。

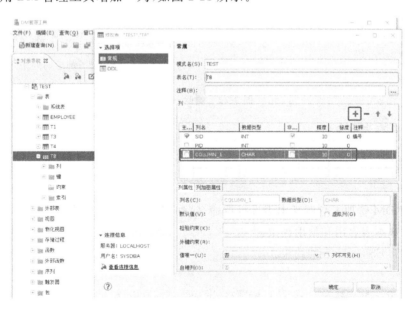

图 2-21　增加一列

（2）基本表删除一列：

```
SQL>alter table TEST.t8 drop column COLUMN_1;
```

使用 DM 管理工具删除一列，如图 2-22 所示。

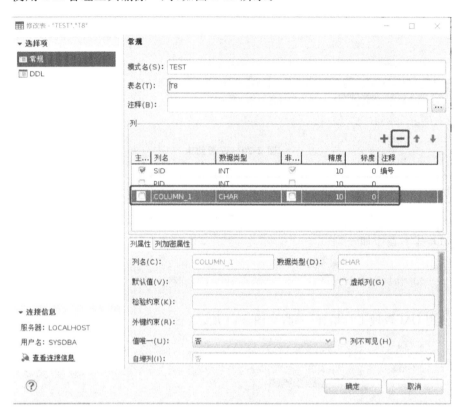

图 2-22　删除一列

（3）基本表重命名：

```
SQL>alter table test.t1 rename to tt;
```

使用 DM 管理工具对基本表进行重命名，如图 2-23、图 2-24 所示。

（4）基本表启用和禁用约束。

查看 TEST.T3 表的约束：

```
SQL>select CONSTRAINT_NAME,CONSTRAINT_TYPE,TABLE_NAME,STATUS from dba_
constraints where TABLE_NAME= 'T3';
```

图 2-23 表重命名-1

图 2-24 表重命名-2

启用 TEST.T3 表的约束：

```
SQL>alter table test.t3 enable constraint CONS134218836;
```

禁用 TEST.T3 表的约束：

```
SQL>alter table test.t3 disable constraint CONS134218836;
```

使用 DM 管理工具启用和禁用约束，如图 2-25 所示。

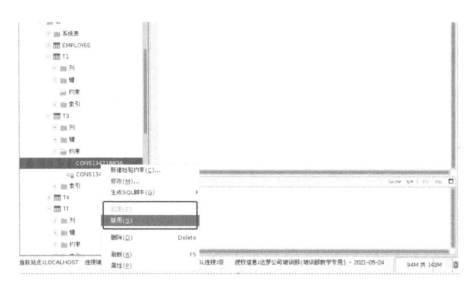

图 2-25　启用和禁用约束

（5）删除基本表：

```
SQL>drop table test.tt;
```

使用 DM 管理工具删除基本表，如图 2-26 所示。

图 2-26　删除基本表

2.2.4　视图管理

视图是从一个或几个基本表(或视图)导出的表,它是一个虚表,即数据字典中只存放视图的定义(由视图名和查询语句组成),而不存放对应的数据,这些数据仍存放在原来的基本表中。如果需要使用视图,则执行其对应的查询语句,所导出的结果即为视图的数据。

视图是关系数据库系统提供给用户以多种角度观察数据库中数据的重要机制,它简化了用户数据模型,提供了逻辑数据独立性,实现了数据共享和数据的安全。

视图和表之间的关系如图 2-27 所示。

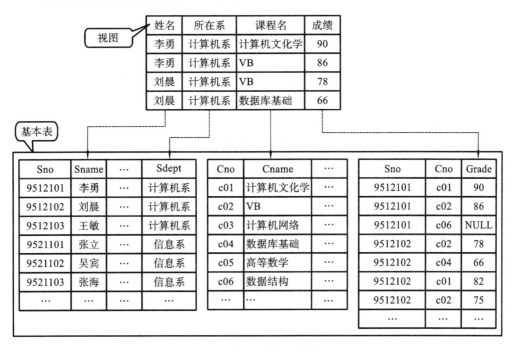

图 2-27　视图和表之间的关系

2.2.4.1　创建视图

视图分为简单视图和复杂视图。简单视图是指视图数据来源于一个表,不包含函数和分组,可以进行 DML 操作;复杂视图是指视图数据来源于多个表,包含函数及分组,不可以进行 DML 操作。

1. 视图定义

语法格式为:

```
CREATE[OR REPLACE] VIEW
    [<模式名>.]<视图名>[(<列名>{,<列名>})]
AS <查询说明>
[WITH [LOCAL|CASCADED]CHECK OPTION]|[WITH READ ONLY];
<查询说明>::= <表查询>|<表连接>
<表查询>::= <子查询表达式>[ORDER BY 子句]
```

参数说明如下。

(1)<模式名> 指明被创建的视图属于哪个模式,缺省为当前模式。

(2)<视图名> 指明被创建的视图的名称。

(3)<列名> 指明被创建的视图中列的名称。

(4)<子查询表达式> 标识视图所基于的表的行和列。其语法遵照 SELECT 语句的语法规则。

(5)<表连接>的查询方式包括交叉连接(cross join)、自然连接(natural join)、内连接(inner join)、外连接(outer join)。语法如下:

```
<连接类型>::=
    [<内外连接类型>]<INNER>|
    <内外连接类型>[<OUTER>]
<内外连接类型>::= LEFT|RIGHT|FULL
<连接条件>::= <条件匹配>|<列匹配>
<条件匹配>::= ON<搜索条件>
<列匹配>::= USING(<连接列列名>{,<连接列列名>})
```

(6) WITH CHECK OPTION 用于可更新视图中,指明往该视图中 insert 或 update 数据时,插入行或更新行的数据必须满足视图定义中<查询说明>所指定的条件。如果不带该选项,则插入行或更新行的数据不必满足视图定义中<查询说明>所指定的条件。[LOCAL|CASCADED]用于当前视图是根据另一个视图定义的情况,当通过视图向基本表中 insert 或 update 数据时,其决定了满足 CHECK 条件的范围。指定 LOCAL,数据必须满足当前视图定义中<查询说明>所指定的条件;指定 CASCADED,数据必须满足当前视图和所有相关视图定义中<查询说明>所指定的

条件。

（7）WITH READ ONLY 指明视图是只读视图，只可以进行查询，不可以进行其他 DML 操作。如果不带该选项，则根据 DM 自身判断视图是否可更新的规则来判断视图是否只读。

2. 创建简单视图

示例 1 现有一张员工表 DMHR. EMPLOYEE，我们发现有很多敏感信息，如工资、身份证号、电话号码、奖金。这些信息我们不想给其他人看到，只想把员工 ID、员工姓名、部门 ID 给其他人看。怎么办呢？我们可以建立一张简单视图来解决这个问题。语法如下：

```
CREATE TABLE "DMHR"."EMPLOYEE"
(
"EMPLOYEE_ID" INT NOT NULL,                    - - - 员工 ID
"EMPLOYEE_NAME" VARCHAR(20),                   - - - 员工姓名
"IDENTITY_CARD" VARCHAR(18),                   - - - 身份证号
"EMAIL" VARCHAR(50) NOT NULL,                  - - - 邮箱
"PHONE_NUM" VARCHAR(20),                       - - - 电话号码
"HIRE_DATE" DATE NOT NULL,                     - - - 入职日期
"JOB_ID" VARCHAR(10) NOT NULL,                 - - - 岗位编号
"SALARY" INT,                                  - - - 工资
"COMMISSION_PCT" INT,                          - - - 奖金
"MANAGER_ID" INT,                              - - - 部门领导 ID
"DEPARTMENT_ID" INT,                           - - - 部门 ID
NOT CLUSTER PRIMARY KEY("EMPLOYEE_ID"),        - - - 主键 EMPLOYEE_ID
CONSTRAINT "EMP_EMAIL_UK" UNIQUE("EMAIL"),     - - - 邮箱唯一约束
CONSTRAINT "EMP_DEPT_FK" FOREIGN KEY("DEPARTMENT_ID") REFERENCES
"DMHR"."DEPARTMENT"("DEPARTMENT_ID"),          - - - 外键 DMHR.DEPARTMENT
                                                       (DEPARTMENT_ID)
CHECK("SALARY">0));                            - - - 检查约束，salary>0
SQL>create view test.emp as select employee_id,employee_name,department_id
from dmhr.employee;
```

创建完成后，在 DM 管理工具中可以看到图 2-28 所示的视图信息。

除了使用 SQL 语句以外，还可以使用 DM 管理工具创建简单视图，如图 2-29 所示。

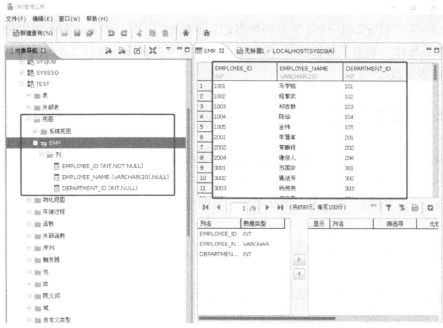

图 2-28 视图信息

图 2-29 创建简单视图

3. 创建复杂视图

在上文创建的视图中,我们查询到的是员工 ID、姓名及其部门 ID,但是查询部门 ID 很不方便,我们想把部门 ID 换成部门名称,该怎么处理呢? 这时候就会用到复杂视图。

部门表的信息如下:

```
CREATE TABLE "DMHR"."DEPARTMENT"
(
"DEPARTMENT_ID" INT NOT NULL,                    - - - 部门 ID
"DEPARTMENT_NAME" VARCHAR(30) NOT NULL,          - - - 部门名称
"MANAGER_ID" INT,                                - - - 部门领导 ID
"LOCATION_ID" INT,                               - - - 部门所在地 ID
CONSTRAINT "DEPT_ID_PK" NOT CLUSTER PRIMARY KEY("DEPARTMENT_ID"));
                                                 - - - 主键 DEPARTMENT_ID
```

示例 2 创建一张视图,要求只能查询员工 ID、员工姓名、部门名称信息。

```
SQL>create view test.EMP2  as select employee_id,employee_name,department_
name from dmhr.employee a join dmhr.department b  on a.department_id = b.
department_id  order by  department_name;
```

使用 DM 管理工具创建复杂视图,如图 2-30 所示。

图 2-30 创建复杂视图

查看视图内容，如图 2-31 所示。

图 2-31 查看视图内容

2.2.4.2 查询和删除视图

1. 查询视图

我们可以通过视图 DBA_VIEWS 来查询视图相关信息，如图 2-32 所示，也可以通过 DM 管理工具来查询视图相关信息。

2. 删除视图

使用 SQL 语句删除视图：

```
SQL>drop view test.EMP1;
```

也可以使用 DM 管理工具删除视图，如图 2-33 所示。

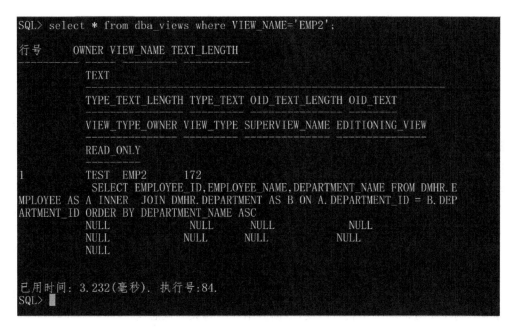

图 2-32 查询视图相关信息

图 2-33 删除视图

2.2.5　作业管理

2.2.5.1　作业相关的概念

在管理员的工作中,许多日常工作都是固定不变的,如定期备份数据库、定期生成数据统计报表等。这些工作既单调又费时,如果这些重复工作能够自动完成,那就可以节省大量的时间。使用 DM 的作业系统可以让重复工作自动完成,实现日常工作自动化。该作业系统大致包含作业、警报和操作员三部分。用户需要为作业配置步骤和调度。我们还可以创建警报。当警报发生时,将警报信息通知操作员,以便操作员能够及时做出响应。

用户通过作业可以实现对数据库的操作,并将作业执行结果以通知的形式反馈给操作员。为作业创建灵活的调度方案可以满足在不同时刻运行作业的要求。用户还可以定义警报响应,当服务器发生特定的事件时,以便通知操作员或者执行预定义的作业。为了更好地理解作业与调度,下面介绍一些相关的概念。

1) 操作员

操作员负责维护 DM 服务器运行实例。在有些企业中,操作员由一个人担任。在那些拥有很多服务器的大型企业中,操作员由多人共同担任。在预期的警报(或事件)发生时,可以通过电子邮件或其他网络发送的方式将警报(或事件)的内容通知操作员。

2) 作业

作业是由 DM 代理程序按顺序执行的一系列指定的操作。作业可以执行更广泛的活动,包括运行 DMPL/SQL 脚本、定期备份数据库、对数据库数据进行检查等。可以创建作业来执行经常重复和可调度的任务,作业按照一个或多个调度的安排在服务器上执行。作业也可以由一个或多个警报触发执行,并且作业可产生警报以通知用户作业的状态(成功或者失败)。每个作业由一个或多个作业步骤组成,作业步骤是作业对一个数据库或者一个服务器执行的动作。每个作业必须至少有一个作业步骤。

3) 警报

警报是系统中发生的某种事件,主要用于通知指定的操作员,以便其迅速了解系统中发生的状况。可以定义警报产生的条件,还可以定义警报发生时系统采取的动作,例如,通知一个或多个操作员执行某个特定的作业等。

4）调度

调度是用户定义的一个时间安排，在给定的时刻，系统会启动相关的作业，按作业定义的步骤依次执行。调度可以是一次性的，也可以是周期性的。

5）作业权限

通常作业的管理由 DBA 维护，普通用户没有操作作业的权限，为了让普通用户可以创建、配置和调度作业，需要授予普通用户管理作业的权限：ADMIN JOB。例如，将权限 ADMIN JOB 授予用户 NORMAL_USER。默认 DBA 拥有全部的作业权限。权限 ADMIN JOB 可以用于添加、配置、调度和删除作业等，但不能用于作业环境初始化 SP_INIT_JOB_SYS(1) 和作业环境销毁 SP_INIT_JOB_SYS(0)。

2.2.5.2　新建作业

对于刚初始化的实例，在创建代理之前，需要新建代理环境，即创建一些系统表来存储与作业相关的对象、历史记录等信息。与作业相关的系统视图和数据字典均位于 SYSJOB 模式下。代理环境创建完成后，就可以不用再创建了。

下面我们使用 DM 管理工具创建代理环境，如图 2-34 所示。作业相关表如图 2-35 所示。

图 2-34　创建代理环境

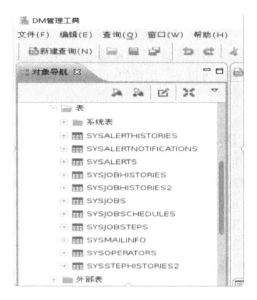

图 2-35 作业相关表

新建作业可以使用 DM 管理界面方式,也可以使用命令行方式。

示例 1 新建作业,作业名为 BACKUPJOB,实现每周星期日、星期三晚上 10:00 进行完全备份(使用 DM 管理界面方式)。

(1) 新建作业,如图 2-36 所示。

图 2-36 新建作业

(2) 新建作业步骤,如图 2-37 所示。

(3) 新建作业调度,如图 2-38 所示。

图 2-37　新建作业步骤

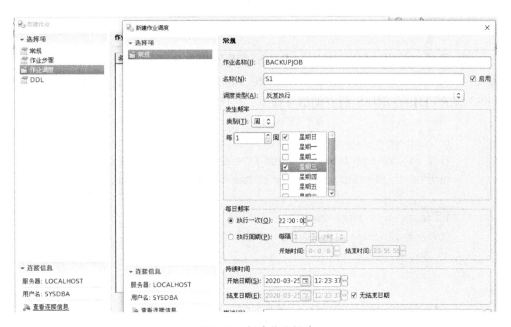

图 2-38　新建作业调度

（4）查看新建作业，如图 2-39 所示。

图 2-39 查看新建作业

2.2.5.3 查看作业监控结果

(1)通过表 SYSJOBHISTORIES2 查看作业的执行情况:

```
SQL>select *  from sysjob.SYSJOBHISTORIES2;
行号 EXEC_ID NAME START_TIME END_TIMEERRCODE ERRINFO HAS_NOTIFIED
- - - - - - - - - - - - - - - - - - - - - - - - - - - - - - - - - - -
1 280478578 TEST 2017- 06- 22 14:24:43.809 2017- 06- 22 14:24:44.841
- 6602 [JOBTESTSCHEDULE] 违反表[MYJOB]唯一性约束 1
......
```

(2)通过表 SYSALERTHISTORIES 查看警报发生的历史记录。例如,当用户插入" INSERT INTO MYJOB VALUES(1000,′STEP 1000′);"一条语句时,表 SYSALERTHISTORIES 的查询结果如下:

```
SQL>select *  from sysjob.SYSALERTHISTORIES;
行号 ID ALERTNAME EVENT_TYPE SUB_TYPE USERNAME DB_NAME OPTIME
OPUSER SCH_NAME OBJ_NAME OBJ_TYPE GRANTEE_NAME ERRCODE HAS_NOTIFIED
- - - - - - - - - - - - - - - - - - - - - - - - - - - - - - - - - - -
1 1 ALERT1 0 0 SYSDBA DAMENG
2017- 06- 22 15:09:30 违反表[MYJOB]唯一性约束 - 6602 1
```

2.3 任务实现

某单位人事系统更新升级,需要在新部署的 DM8 上创建相关的表空间、管理用户(TEST)、员工信息表(EMP)、部门信息表(DEPT),并对相关的表空间、管理用户、表、视图和索引进行日常维护。

2.3.1　创建表空间

创建表空间,表空间名为 EMP。该表空间包含两个数据文件(EMP_01.DBF 和 EMP_02.DBF),每个数据文件初始大小为 500 MB,打开数据同步,每次增加 1 MB,每个数据文件最大为 10 GB。

(1) 使用 DM 管理工具操作。新建表空间如图 2-40 所示,设置表空间相关信息如图 2-41 所示。

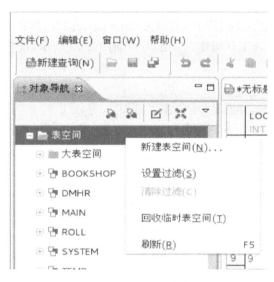

图 2-40　新建表空间

图 2-41　设置表空间相关信息

(2) 使用 SQL 语句操作:

```
create tablespace "EMP" datafile '/dm8/data/DAMENG/EMP_01.DBF' size 32
autoextend on next 1 maxsize 1024, '/dm8/data/DAMENG/EMP_02.DBF' size 32
autoextend on next 1 maxsize 1024;
```

2.3.2 创建用户

创建用户,用户名为 DMEMP,密码为 damengemp123,默认表空间为 EMP。

(1) 使用 DM 管理工具操作。新建用户如图 2-42 所示,设置用户相关信息及权限如图 2-43 所示。

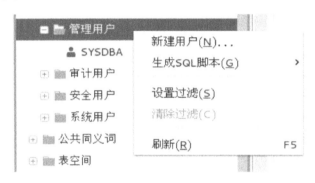

图 2-42 新建用户

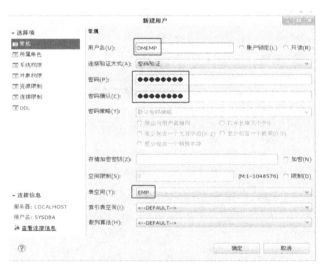

图 2-43 设置用户相关信息及权限

（2）使用 SQL 语句操作：

```
create user "DMEMP" identified by "damengemp123"
limit failed_login_attemps 3, password_lock_time 1, password_grace_time 10
default tablespace "EMP";
grant "PUBLIC","SOI","VTI" to "DMEMP";
```

2.3.3 创建表

员工信息表（EMP）结构如表 2-3 所示。

表 2-3 员工信息表（EMP）结构

序号	表 名	列 名	数据类型	是否允许为空	注 释
1	EMP	EMPLOYEE_ID	INT	NOT NULL	员工 ID（主键）
2	EMP	EMPLOYEE_NAME	VARCHAR(20)	NULL	员工姓名
3	EMP	IDENTITY_CARD	VARCHAR(18)	NULL	身份证号
4	EMP	EMAIL	VARCHAR(50)	NOT NULL	员工邮箱
5	EMP	PHONE_NUM	VARCHAR(20)	NULL	电话号码
6	EMP	HIRE_DATE	DATE	NOT NULL	入职日期
7	EMP	JOB_ID	VARCHAR(10)	NOT NULL	岗位 ID
8	EMP	SALARY	INT	NULL	工资（Salary＞0）
9	EMP	COMMISSION_PCT	INT	NULL	奖金
10	EMP	MANAGER_ID	INT	NULL	领导 ID
11	EMP	DEPARTMENT_ID	INT	NULL	部门 ID

该表中"员工 ID"（EMPLOYEE_ID）为主键，"部门 ID"（DEPARTMENT_ID）为外键。

部门信息表(DEPT)结构如表 2-4 所示。

表 2-4 部门信息表(DEPT)结构

序号	表名	列名	数据类型	是否允许为空	注释
1	DEPT	DEPARTMENT_ID	INT	NOT NULL	部门 ID(主键)
2	DEPT	DEPARTMENT_NAME	VARCHAR(30)	NOT NULL	部门名称
3	DEPT	MANAGER_ID	INT	NULL	部门领导 ID
4	DEPT	LOCATION_ID	INT	NULL	部门所在地 ID

(1)使用 DM 管理工具操作。

创建 EMP 表。新建 EMP 表如图 2-44 所示,设置 EMP 表基本信息如图 2-45 所示,新建约束如图 2-46 所示,新建检查约束如图 2-47 所示,设置检查约束信息如图 2-48 所示。

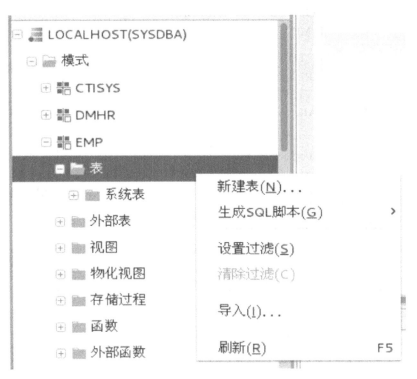

图 2-44 新建 EMP 表

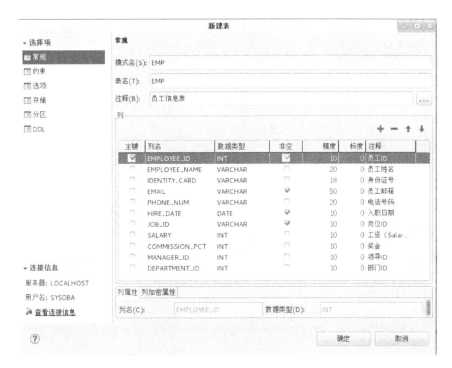

图 2-45　设置 EMP 表基本信息

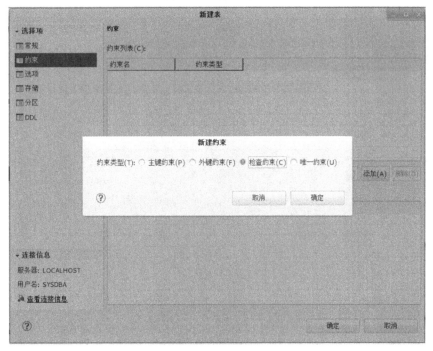

图 2-46　新建约束

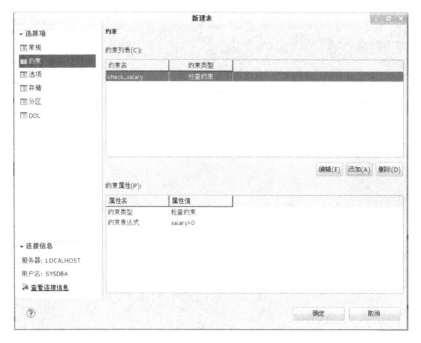

图 2-47　新建检查约束

图 2-48　设置检查约束信息

创建 DEPT 表。新建 DEPT 表如图 2-49 所示，设置 DEPT 表相关信息如图 2-50 所示。

图 2-49　新建 DEPT 表

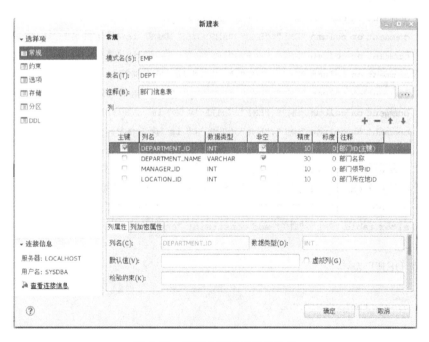

图 2-50　设置 DEPT 表相关信息

（2）使用 SQL 语句操作。

创建 EMP 表：

```
create table "EMP"."EMP"
(
  "EMPLOYEE_ID"INT not null ,
  "EMPLOYEE_NAME"VARCHAR (20),
  "IDENTITY_CARD"VARCHAR (18),
  "EMAIL"VARCHAR (50) not null ,
  "PHONE_NUM"VARCHAR (20),
  "HIRE_DATE"DATE not null ,
  "JOB_ID"VARCHAR (10) not null ,
  "SALARY"INT ,
  "COMMISSION_PCT"INT ,
  "MANAGER_ID"INT ,
  "DEPARTMENT_ID"INT ,
      primary key("EMPLOYEE_ID")
)
storage(initial 1, next 1, minextents 1, fillfactor 0)
;
comment on table "EMP"."EMP" is '员工信息表';
comment on column "EMP"."EMP"."EMPLOYEE_ID" is '员工ID';
comment on column "EMP"."EMP"."EMPLOYEE_NAME" is '员工姓名';
comment on column "EMP"."EMP"."IDENTITY_CARD" is '身份证号';
comment on column "EMP"."EMP"."EMAIL" is '员工邮箱';
comment on column "EMP"."EMP"."PHONE_NUM" is '电话号码';
comment on column "EMP"."EMP"."HIRE_DATE" is '入职日期';
comment on column "EMP"."EMP"."JOB_ID" is '岗位ID';
comment on column "EMP"."EMP"."SALARY" is '工资(Salary>0)';
comment on column "EMP"."EMP"."COMMISSION_PCT" is '奖金';
comment on column "EMP"."EMP"."MANAGER_ID" is '领导ID';
comment on column "EMP"."EMP"."DEPARTMENT_ID" is '部门ID';
alter table "EMP"."EMP" add constraint "check_salary"  check(salary>0);
```

创建 DEPT 表:

```
create table "EMP"."DEPT"
(
  "DEPARTMENT_ID" INT not null ,
  "DEPARTMENT_NAME" VARCHAR(30) not null ,
```

```
  "MANAGER_ID" INT,
  "LOCATION_ID" INT,
  primary key("DEPARTMENT_ID")
)
storage(initial 1, next 1, minextents 1, fillfactor 0);
comment on table "EMP"."DEPT" is '部门信息表';
comment on column "EMP"."DEPT"."DEPARTMENT_ID" is '部门ID(主键)';
comment on column "EMP"."DEPT"."DEPARTMENT_NAME" is '部门名称';
comment on column "EMP"."DEPT"."MANAGER_ID" is '部门领导ID';
comment on column "EMP"."DEPT"."LOCATION_ID" is '部门所在地ID';
```

2.3.4　创建视图

由于员工信息表中有很多敏感信息，如员工的工资、身份证号、电话号码等，因此员工信息表中的信息不能全部暴露给其他用户。我们需要提供一个视图，将员工 ID、员工姓名及岗位 ID 信息放开让大家来查询。

（1）使用 DM 管理工具操作。新建视图如图 2-51 所示，设置视图 EMP_VIEW 基本信息如图 2-52 所示。

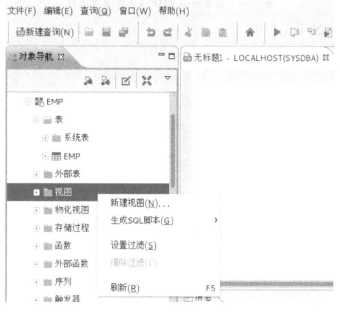

图 2-51　新建视图

图 2-52   设置视图 EMP_VIEW 基本信息

（2）使用 SQL 语句操作：

```
CREATE VIEW "EMP"."EMP_VIEW"
AS
SELECT
  EMPLOYEE_ID,
  EMPLOYEE_NAME,
  JOB_ID
FROM
  EMP.EMP
comment on view "EMP"."EMP_VIEW" is '人员信息表视图';
```

2.3.5 表空间、用户、表、视图的维护

（1）数据库实例状态的查询，如图 2-53 所示。

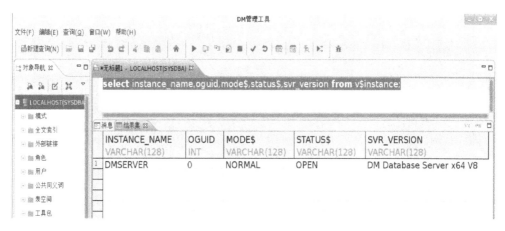

图 2-53 数据库实例状态的查询

（2）v＄instance 视图参数说明，如表 2-5 所示。

表 2-5 v＄instance 视图参数说明

查 询 列	说 明
INSTANCE_NAME	实例名称
OGUID	初始化默认的值
MODE＄	实例模式（NORMAL，一般模式；PRIMARY，主机模式；STANDBY，备机模式）
STATUS＄	实例状态（OPEN，打开状态；MOUNT，配置状态；SUSPEND，挂起状态）
SVR_VERSION	数据库版本号

（3）查看 EMP 表空间大小及其使用情况。

①使用 DM 管理工具查询 EMP 表空间基本信息和数据文件，分别如图 2-54、图 2-55 所示。

②使用 SQL 语句查询 EMP 表空间使用情况：

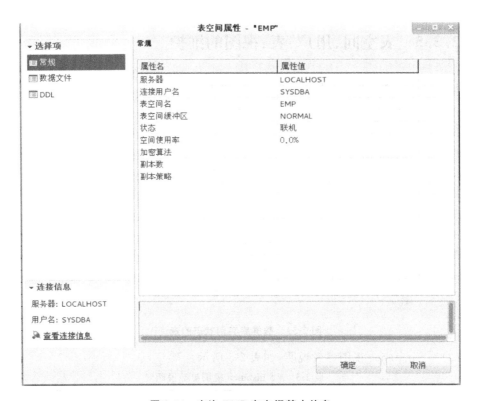

图 2-54 查询 EMP 表空间基本信息

图 2-55 查询 EMP 表空间数据文件

```
SELECT F.TABLESPACE_NAME,
        (T.TOTAL_SPACE - F.FREE_SPACE) / 1024 "USED (GB)",
        F.FREE_SPACE / 1024 "FREE (GB)",
        T.TOTAL_SPACE / 1024   "TOTAL(GB)",
        (ROUND((F.FREE_SPACE / T.TOTAL_SPACE) * 100)) || '% ' PER_FREE
    FROM (SELECT TABLESPACE_NAME,
                ROUND(SUM(BLOCKS *
                    (SELECT PARA_VALUE / 1024
                        FROM V$DM_INI
                        WHERE PARA_NAME = 'GLOBAL_PAGE_SIZE') / 1024)) FREE
_SPACE
        FROM DBA_FREE_SPACE
    GROUP BY TABLESPACE_NAME) F,
        (SELECT TABLESPACE_NAME, ROUND(SUM(BYTES / 1048576)) TOTAL_SPACE
            FROM DBA_DATA_FILES
        GROUP BY TABLESPACE_NAME) T
    WHERE F.TABLESPACE_NAME = T.TABLESPACE_NAME AND T.TABLESPACE_NAME= 'EMP';
```

EMP 表空间使用情况查询结果如图 2-56 所示。

TABLESPACE_NAME	USED (GB)	FREE (GB)	TOTAL(GB)	PER_FREE
VARCHAR(128)	DEC	DEC	DEC	VARCHAR(132)
1 EMP	0	0.0625	0.0625	100%

图 2-56 EMP 表空间使用情况查询结果

（4）扩充表空间。

①使用 DM 管理工具扩充表空间，如图 2-57 所示。

②使用 SQL 语句扩充表空间：

```
alter tablespace "EMP" add datafile '/dm8/data/DAMENG/EMP_03.DBF' size 32
autoextend on next 1 maxsize 1024;
```

（5）用户信息查询。

①使用 DM 管理工具查询 EMP 用户基本信息和所属角色，分别如图 2-58、图 2-59 所示。

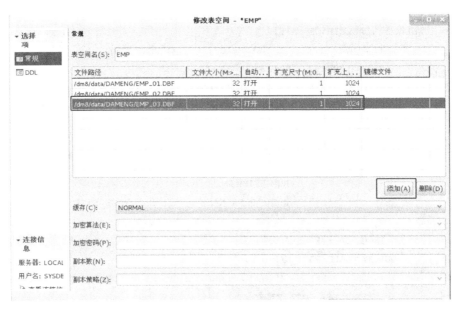

图 2-57　扩充表空间

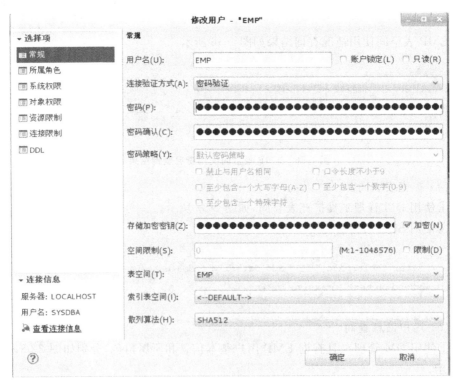

图 2-58　查询 EMP 用户基本信息

图 2-59 查询 EMP 用户所属角色

②使用 SQL 语句查询 EMP 用户信息：

```
select username, account _ status, lock _ date, default _ tablespace,
created,profile
from dba_users
Where username= 'EMP';
```

EMP 用户信息查询结果如图 2-60 所示。

图 2-60 EMP 用户信息查询结果

（6）EMP 表信息查询。

①使用 DM 管理工具查询 EMP 表信息，如图 2-61 所示。

②使用 SQL 语句查询 EMP 表信息：

```
SELECT *  FROM DBA_TABLES WHERE TABLE_NAME= 'EMP';
```

（7）EMP_VIEW 视图信息查询。

①使用 DM 管理工具查询 EMP_VIEW 视图信息，如图 2-62 所示。

②使用 SQL 语句查询 EMP_VIEW 视图信息：

```
SELECT *  FROM DBA_VIEWS WHERE VIEW_NAME= 'EMP_VIEW';
```

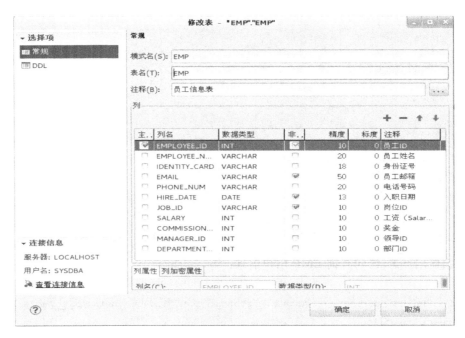

图 2-61　查询 EMP 表信息

图 2-62　查询 EMP_VIEW 视图信息

任务3　数据库监控与性能优化

3.1　任 务 说 明

随着应用系统数据的增加，数据量越来越大，应用系统运行得越来越慢。我们需要监控达梦数据库性能情况，即：检查数据库的等待事件，检查死锁及处理，检查CPU、I/O、内存性能，定期做统计分析，检查缓冲区命中率，检查共享池命中率，检查排序区，检查日志等。找到相应的性能瓶颈，并根据瓶颈采用相应的解决方案。

3.2　任 务 所 需 知 识 点

3.2.1　达梦数据库体系架构

3.2.1.1　DM 物理存储结构

数据库是磁盘上存放的数据的集合，一般包括数据文件、日志文件、控制文件及临时数据文件等。实例一般由一组正在运行的数据库后台进程/线程及一个大型的共享内存组成。简单来说，实例就是操作数据库的一种手段，是用来访问数据库的内存结构及后台进程的集合。DM8 体系结构如图 3-1 所示。

1. 配置文件

配置文件是数据库用来设置功能选项的一些文本文件的集合，达梦数据库的配置文件主要以 ini 为扩展名，用来存储功能选项的配置值。配置文件存放在数据文件的目录下。

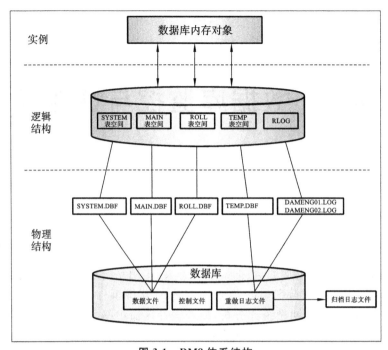

图 3-1　DM8 体系结构

例如查看数据库 DAMENG 的所有 ini 配置文件:

```
[dmdba@ dm8 DAMENG]$ pwd
/dm/dmdbms/DAMENG
[dmdba@ dm8 DAMENG]$ ll * .ini
-rw-rw-r--. 1 dmdba dinstall    907 Oct 22 23:07 dmarch_example.ini
-rw-rw-r--. 1 dmdba dinstall   2147 Oct 22 23:07 dmdcr_cfg_example.ini
-rw-rw-r--. 1 dmdba dinstall    631 Oct 22 23:07 dmdcr_example.ini
-rw-rw-r--. 1 dmdba dinstall  46765 Nov  5 04:25 dm.ini
-rw-rw-r--. 1 dmdba dinstall   1537 Oct 22 23:07 dminit_example.ini
-rw-rw-r--. 1 dmdba dinstall   2070 Oct 22 23:07 dmmal_example.ini
-rw-rw-r--. 1 dmdba dinstall   1277 Oct 22 23:07 dmmonitor_example.ini
-rw-rw-r--. 1 dmdba dinstall    288 Oct 22 23:07 dmmpp_example.ini
-rw-rw-r--. 1 dmdba dinstall   1679 Oct 22 23:07 dmtimer_example.ini
-rw-rw-r--. 1 dmdba dinstall   2146 Oct 22 23:07 dmwatcher_example.ini
-rw-rw-r--. 1 dmdba dinstall    635 Oct 22 23:07 sqllog_example.ini
-rw-rw-r--. 1 dmdba dinstall    479 Oct 22 23:07 sqllog.ini
[dmdba@ dm8 DAMENG]$ ll * .ini | wc -l
12
[dmdba@ dm8 DAMENG]$
```

以下为几个主要的配置文件。

（1）dm.ini：DM 实例的配置参数。在创建 DM 实例时自动生成。

（2）dmmal.ini：MAL 系统的配置文件。在配置 DM 高可用解决方案时需要用到该配置文件。

（3）dmarch.ini：归档配置文件。启用数据库归档后，在该文件中配置归档的相关属性，如归档类型、归档路径、归档可使用的空间大小等。

2．控制文件

控制文件记录了数据库必要的初始信息，每个 DM 实例都有一个二进制的控制文件，默认其和数据文件存放在同一个目录下，扩展名为 ctl。例如：

```
[dmdba@ dm8 DAMENG]$ pwd
/dm/dmdbms/data/DAMENG
[dmdba@ dm8 DAMENG]$ ll * .ctl
-rw-rw-r--. 1 dmdba dinstall 5632 Nov 29 03:18 dm.ctl
[dmdba@ dm8 DAMENG]$
```

数据库必要的初始信息主要包含以下内容：

（1）数据库名称；

（2）数据库服务器模式；

（3）OGUID 唯一标识；

（4）数据库服务器版本；

（5）数据文件版本；

（6）数据库的启动次数；

（7）数据库最近一次启动时间；

（8）表空间信息；

（9）控制文件校验码，在每次修改控制文件后生成，保证控制文件的合法性，防止文件损坏及手工修改。

第一次初始化新数据库时，会在控制文件同级目录的 CTL_BAK 目录下对原始的 dm.ctl 执行一次备份。在修改控制文件时，例如添加数据文件，也会执行一次备份。备份的路径和备份保留数由 dm.ini 参数文件中的 CTL_BAK_PATH 和 CTL_BAK_NUM 参数决定。例如：

```
[dmdba@ dm8 DAMENG]$  cat dm.ini|grep CTL_
    CTL_PATH =/dm/dmdbms/data/dave/dm.ctl      #ctl file path
    CTL_BAK_PATH =/dm/dmdbms/data/dave/ctl_bak  #dm.ctl backup path
    CTL_BAK_NUM =10 #backup number of dm.ctl, allowed to keep one more backup
file besides specified number.
```

3. 备份文件

备份文件是数据库备份恢复过程中使用的文件,扩展名为 bak。在执行 SQL 备份或者 DMRMAN(DM recovery manager)备份时会生成备份文件。备份文件记录备份的名称、数据库、备份类型和备份时间等信息。备份文件是数据库备份恢复操作的基础,也可以通过备份恢复的方式进行数据迁移。

4. 数据文件

数据文件对应磁盘上的一个物理文件,是存储真实数据的地方,一个表空间至少包含一个数据文件,数据文件扩展名为 DBF。表空间中数据文件的总数不能超过 256。

数据文件可以配置成自增,每次自增的范围是 0 到 2048 MB。数据文件的大小范围是 $4096\times$ 页大小到 $2147483647\times$ 页大小。例如:

```
[dmdba@ dw1 DAMENG]$  pwd
/dm/dmdbms/data/DAMENG
[dmdba@ dw1 DAMENG]$  ll * .DBF
-rw-rw-r--1 dmdba dinstall  134217728 12 月 17 21:09 MAIN.DBF
-rw-rw-r--1 dmdba dinstall  134217728 12 月 17 22:16 ROLL.DBF
-rw-rw-r--1 dmdba dinstall  22020096 12 月 17 23:16 SYSTEM.DBF
-rw-rw-r--1 dmdba dinstall  10485760 12 月 17 22:01 TEMP.DBF
[dmdba@ dw1 DAMENG]$
```

5. 重做日志文件

重做(REDO)日志文件记录了在数据库中添加、删除、修改对象,或者改变数据的过程。这些操作执行的结果按照特定的格式写入当前的重做日志文件中。重做日志文件以 log 为扩展名。每个数据库实例至少有两个重做日志文件,默认重做日志名称

是数据库名加编号,两个重做日志文件循环使用。例如:

```
[dmdba@ dm8 DAMENG]$  pwd
/dm/dmdbms/data/DAMENG
[dmdba@ dm8 DAMENG]$  ll - lh * .log
-rw-rw-r--.1 dmdba dinstall  256M Nov 29 10:08 DAMENG01.log
-rw-rw-r--.1 dmdba dinstall  256M Nov 29 03:18 DAMENG02.log
[dmdba@ dm8 DAMENG]$
```

重做日志文件是循环使用的,当重做日志文件被写满后,数据库会根据检查点覆盖之前的内容。重做日志文件主要用于数据库的备份与恢复。在异常情况下,例如服务器异常断电,数据库缓冲区中的数据页没有及时写入数据文件中。在下次启动 DM 实例时,通过重做日志文件中的数据,可以将实例恢复到发生意外前的状态。

6. 归档日志文件

归档日志文件是 REDO 日志文件的备份,REDO 日志文件记录数据库实例 DDL (data definition language)和数据更新操作。为了保证数据库备份恢复操作,需要启动归档模式,并且将 REDO 日志文件中的数据复制到归档日志文件中。归档日志文件以归档时间命名,扩展名也是 log。

归档日志文件的保存目录由 dmarch.ini 中的 ARCH_DEST 参数控制。例如:

```
[dmdba@ dm8 DAMENG]$  cat dmarch.ini
   ......
   [ARCHIVE_LOCAL1]
       ARCH_TYPE =LOCAL
       ARCH_DEST =/dm/dmarch
       ARCH_FILE_SIZE =128
       ARCH_SPACE_LIMIT =0
[dmdba@ dm8 ~ ]$  ll /dm/dmarch/
   -rw-r--r--.1 dmdba dinstall 670720 Nov 29 10:24 ARCHIVE_LOCAL1_
0x9630415[0]_2019-11-29_10-24-01.log
   [dmdba@ dm8 ~ ]$
```

3.2.1.2 DM 逻辑存储结构

数据库存储在服务器的磁盘上,实例则存储在服务器的内存中。通过运行 DM 实例,可以操作 DM 中的数据,实例仅在启动后存在。图 3-2 所示为表空间、数据文件、段、簇、页的关系。

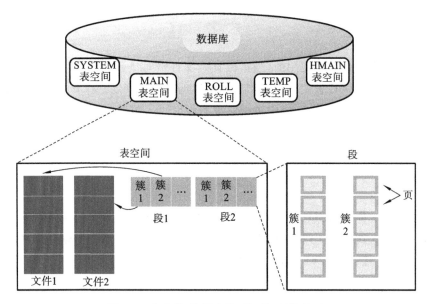

图 3-2　表空间、数据文件、段、簇、页的关系

可以看出,在 DM8 中存储的层次结构如下:

(1) 数据库由一个或多个表空间组成;

(2) 每个表空间由一个或多个数据文件组成;

(3) 每个数据文件由一个或多个簇组成;

(4) 段是簇的上级逻辑单元,一个段可以跨多个数据文件;

(5) 簇由磁盘上连续的页组成,一个簇总是在一个数据文件中;

(6) 页是数据库中最小的分配单元,也是数据库中使用的最小的 I/O 单元。

1. 表空间

数据库中的所有对象在逻辑上都存放在表空间中,而在物理上都存储在所属表空间对应的数据文件中。创建数据库时会自动创建 5 个表空间:SYSTEM 表空间、ROLL 表空间、MAIN 表空间、TEMP 表空间和 HMAIN 表空间。

(1) SYSTEM(系统)表空间存放了有关数据库的字典信息,用户不能在 SYSTEM 表空间创建表和索引。

　　(2) ROLL(回滚)表空间存储事务操作修改之前的值,从而保证数据的读一致性。该表空间由数据库自动维护。

　　(3) MAIN 表空间是默认的用户表空间。创建用户时如果没有指定默认表空间,则使用 MAIN 表空间为默认的表空间。

　　(4) TEMP 表空间为临时表空间。当 SQL 语句需要磁盘空间来完成某个操作时,会从 TEMP 表空间分配临时段。该表空间由数据库自动维护。

　　(5) HMAIN 表空间是 HUGE 表空间(huge tablespace,HTS)。创建 HUGE 表时,如果没有指定 HTS,则默认使用 HMAIN 表空间来存储。我们可以通过 v$tablespace视图查看与表空间相关的信息:

```
SQL>select id,name,type$ ,total_size from v$tablespace;
行号      ID          NAME        TYPE$        TOTAL_SIZE
- - - - - - - - - - - - - - - - - - - - - - - - - - - - - - - - - -
1        0           SYSTEM      1            2944
2        1           ROLL        1            16384
3        3           TEMP        2            1280
4        4           MAIN        1            16384
5        6           DMHR        1            16384
已用时间: 1.895(毫秒). 执行号:27.
```

如果是 HTS,则需要查询 v$huge_tablespace 视图:

```
SQL>select *  from v$huge_tablespace;
行号      ID          NAME PATHNAME                          DIR_NUM
- - - - - - - - - - - - - - - - - - - - - - - - - - - - - - - - - -
1        0           HMAIN /dm/dmdbms/data/dave/HMAIN        1
已用时间: 1.729(毫秒). 执行号:28.
SQL>
```

2. 记录

　　达梦数据库表中的每一行数据就是一条记录。除了 HUGE 表,数据库中其他的表都是以记录的形式将数据存储在数据页中的。

　　数据页中除了存储记录的数据以外,还包含存储页头控制信息的相关空间,而记录又不能跨数据页存储,因此记录的长度受到数据页大小的限制。在达梦数据库中,每条记录的总长度不能超过页面大小的一半(如果超过,可以通过为表设置启用超长列的特性来支持)。

3. 页

数据页(page)又称为数据块,是达梦数据库中最小的数据存储单元。达梦数据库中页大小可以设置为 4 KB、8 KB(默认值)、16 KB、32 KB。在创建数据库时指定其大小,数据库建好后,页大小不能修改。

数据页包含 4 个部分:页头控制信息、数据、空闲空间、行偏移数组。

页头控制信息包含页类型、页地址等信息。页中部存储记录的数据,页尾部专门留出部分空间来存放行偏移数组。行偏移数组用于标识页上的空间占用情况,以便管理数据页自身的空间。

正常情况下,用户不用干预数据库对页的管理。但在创建表或索引时也可以指定该对象的存储属性:FILLFACTOR。该存储属性控制存储数据时,每个数据页和索引页的充满程度的取值范围为 0 到 100。默认值为 0,等价于 100,表示全满填充。

填充比例决定了页内的可用空间,当填充比例较低时,页内有更多的可用空间,可以避免在增加列或者更新列时因空间不足而导致的页分裂,即一部分保留在当前数据页中,另一部分存入一个新页中。

使用 FILLFACTOR 时要平衡性能和空间,设置较低的 FILLFACTOR 可以避免频繁的页分裂,减少 I/O 操作,从而提升性能,但是需要更多的空间来存储数据。

4. 簇

簇(extent)由同一个数据文件中 16 或 32 个连续的数据页组成。其大小在创建数据库时指定,默认为 16。例如数据文件大小为 32 MB,页大小为 8 KB,则共有 32 MB/(8 KB×16)=256 个簇,每个簇的大小为 8 KB×16=128 KB。簇的大小也只能在创建数据库时指定,之后不能修改。

5. 段

段(segment)由表空间中的一组簇组成,这些簇可以来自不同的数据文件,而簇只能由同一个数据文件中连续的 16 或者 32 个数据页组成。因为簇的数量是根据对象的数据量来分配的,所以段中的簇不一定是连续的。

3.2.1.3 DM 内存结构

数据库实例由内存结构和一系列的线程组成,内存结构主要包括内存池、缓冲区、排序区、哈希区等。

1. 内存池

DM 的内存池包括共享内存池和运行时内存池。我们可以通过 V＄MEM_POOL 视图查看所有内存池的状态和使用情况：

```
SQL>select distinct name,is_shared from V$MEM_POOL order by 2;
行号      NAME                      IS_SHARED
- - - - - - - - - - - - - - - - - - - - - - - - - - - - - - - - - - -
1         CHECK POINT               N
2         PURG_POOL                 N
3         RT_HEAP                   N
4         RT_MEMOBJ_VPOOL           N
5         SESSION                   N
6         VIRTUAL MACHINE           N
7         BACKUP POOL               Y
8         CYT_CACHE                 Y
9         DBLINK POOL               Y
10        DICT CACHE                Y
11        DSQL STAT HISTORY         Y
12        FLASHBACK SYS             Y
13        HUGE AUX                  Y
14        LARGE_MEM_SQL_MONITOR     Y
15        MEM FOR PIPE              Y
16        MON ITEM ARR              Y
17        NSEQ CACHE                Y
18        POLICY GRP                Y
19        SHARE POOL                Y
20        SQL CACHE MANAGERMENT     Y
20 rows got
```

1) 共享内存池

在实例运行期间,需要经常申请或释放小片内存,而向操作系统申请或释放内存需要发出系统调用,此时可能会引起线程切换,降低系统运行效率。因此,实例在启动时会从操作系统中申请一大片内存,即内存池。当实例在运行中需要内存时,实例可在共享内存池内进行内存的申请或者释放。

共享内存池可以在实例的配置文件(dm. ini)中配置：

```
MEMORY_POOL = 73              # Memory Pool Size In Megabyte
MEMORY_TARGET = 0            # Memory Share Pool Target Size In Megabyte
```

MEMORY_POOL 参数指定的是共享内存池大小,64 位系统的取值范围是 64 MB 到 67108864 MB。当实例运行时,如果需要的内存大于共享内存池的配置值,则共享内存池会自动扩展,每次扩展的大小由 MEMORY_EXTENT_SIZE 参数决定。该参数的有效范围是 1 MB 到 10240 MB。

MEMORY_TARGET 参数控制的是共享内存池可使用的最大值,该值的取值范围在 32 位平台是 0 到 2000 MB,在 64 位平台是 0 到 67108864 MB,0 表示不限制。

2) 运行时内存池

除了共享内存池以外,实例的一些功能模块在运行时还会使用自己的运行时内存池。这些运行时内存池是从操作系统中申请一片内存作为本功能模块的内存池来使用的,如会话内存池、虚拟机内存池等。

2. 缓冲区

1) 数据缓冲区

数据缓冲区保存的是数据页,包括用户更改的数据页和查询时从磁盘读取的数据页。该区域的大小对实例性能影响较大,设定过小,会导致缓冲页命中率低,磁盘 I/O 频繁;设定过大,会导致内存资源的浪费。

实例在启动时,根据配置文件中参数指定的数据缓冲区大小,向操作系统申请一片连续的内存并将其按数据页大小进行格式化,最后置入"自由"链中。

数据缓冲区有三条链来管理被缓冲的数据页:

(1)"自由"链,用于存放目前未被使用的内存数据页;

(2)"LRU"链,用于存放已被使用的内存数据页(包括未被修改的和已被修改的);

(3)"脏"链,用于存放已被修改的内存数据页。

"LRU"链对系统当前使用的页按其最近是否被使用的顺序进行了排序。这样,当数据缓冲区中的"自由"链被用完时,从"LRU"链中淘汰部分最近未被使用的数据页,能够较大程度地保证被淘汰的数据页在最近不会被用到,从而减少物理 I/O 操作。

通过查询 V＄BUFFERPOOL 视图,我们可以看出,DM 实例的内存数据缓冲区有 5 种类型:NORMAL、KEEP、FAST、RECYCLE 和 ROLL。V＄BUFFERPOOL

视图如下：

```
SQL>select distinct name,count(* ) from V$BUFFERPOOL group by name order by
2 desc;
行号    NAME    COUNT(* )
- - - - - - - - - - - - - - - - - - - - - - - - - - - - - - - - -
1       NORMAL  19
2       RECYCLE  6
3       FAST    1
4       ROLL    1
5       KEEP    1
```

在创建表空间或修改表空间时，可以指定表空间属于 NORMAL 或 KEEP 缓冲区。

（1）NORMAL 缓冲区主要存储实例正在处理的数据页，在没有特别指定缓冲区的情况下，默认缓冲区为 NORMAL。

（2）KEEP 缓冲区用来存储很少淘汰或几乎不淘汰的数据页。

（3）RECYCLE 缓冲区供临时表空间使用。

（4）ROLL 缓冲区供回滚表空间使用。

（5）FAST 缓冲区根据 FAST_POOL_PAGES 参数指定的大小由系统自动管理。

用户不能指定使用 RECYCLE、ROLL、FAST 缓冲区的表或表空间。

在 dm.ini 配置文件中，由对应的参数来控制这些缓冲区的大小：

```
BUFFER = 615              # Initial System Buffer Size In Megabytes
BUFFER_POOLS = 19         # number of buffer pools
FAST_POOL_PAGES = 3000    # number of pages for fast pool
FAST_ROLL_PAGES = 1000    # number of pages for fast roll pages
KEEP = 8                  # system KEEP buffer size in Megabytes
RECYCLE = 147             # system RECYCLE buffer size in Megabytes
RECYCLE_POOLS = 19        # Number of recycle buffer pools
```

参数的相关说明如下。

（1）BUFFER：系统缓冲区大小，有效值为 8 MB 到 1048576 MB。该值推荐设置为可用物理内存的 $60\%\sim80\%$。

（2）BUFFER_POOLS：设置 BUFFER 的分区数，每个 BUFFER 分区的大小为 BUFFER/BUFFER_POOLS。该参数的有效值范围是 1 到 512。

（3）FAST_POOL_PAGES：快速缓冲区页数，有效值范围是 0 到 99999。FAST_POOL_PAGES 的值最多不能超过 BUFFER 总页数的一半，如果超过，系统会自动将其调整为 BUFFER 总页数的一半。

（4）KEEP：KEEP 缓冲区大小，有效值范围是 8 MB 到 1048576 MB。

（5）RECYCLE：RECYCLE 缓冲区大小，有效值范围是 8 MB 到 1048576 MB。

（6）RECYCLE_POOLS：RECYCLE 缓冲区分区数，每个 RECYCLE 分区的大小为 RECYCLE/RECYCLE_POOLS。该参数的有效值范围是 1 到 512。

注意：以上参数都是静态参数，修改这些值需要重启实例，因此要提前规划好，以免影响业务。

2）日志缓冲区

日志缓冲区用于存放重做日志的内存缓冲区。为了避免直接的磁盘 I/O 对实例性能的影响，实例在运行过程中产生的日志并不会立即被写入磁盘，而是和数据页一样，先将其放置到日志缓冲区中。

将日志缓冲区与数据缓冲区分开主要基于以下原因：

（1）重做日志的格式与数据页的格式不一样，无法进行统一管理；

（2）重做日志具有连续写的特点；

（3）在逻辑上，写重做日志比写数据页的 I/O 优先级更高。

在 dm.ini 配置文件中相关的参数如下：

```
RLOG_BUF_SIZE = 1024        # The Number Of Log Pages In One Log Buffer
RLOG_POOL_SIZE = 256        # Redo Log Pool Size In Megabyte
```

RLOG_BUF_SIZE 参数控制的是单个日志缓冲区大小。日志缓冲区所占用的内存是从共享内存池中申请的，单位为日志页数量，且大小必须为 2 的 N 次方，最小值为 1，最大值为 20480。

RLOG_POOL_SIZE 参数控制的是最大日志缓冲区大小，有效值范围是 1 MB 到 1024 MB。

3）字典缓冲区

字典缓冲区主要存储一些数据字典信息，如模式信息、表信息、列信息、触发器信息等。每个事务操作都会涉及数据字典信息，访问数据字典信息的效率直接影响到相应的操作效率，如执行查询时需要获取表的信息、列的信息等，从字典缓冲区中读取这些信息的效率要高于磁盘 I/O 读取的效率。

DM 实例在启动时会将部分数据字典信息加载到字典缓冲区中，并采用 LRU 算法对字典信息进行控制。可以修改配置文件中的 DICT_BUF_SIZE 参数来控制字典缓冲区的大小，该参数是静态参数，默认值为 5 MB。该缓冲区从内存池中申请。

4）SQL 缓冲区

SQL 缓冲区提供执行 SQL 语句过程中所需要的内存（以内存池中申请），包括计划、SQL 语句和结果集缓存。当重复执行相同 SQL 语句时，可以直接使用 SQL 缓冲区保存的这些语句和对应的执行计划，从而提高 SQL 语句执行效率。

可以通过设置 CACHE_POOL_SIZE 参数来控制 SQL 缓冲区大小，该参数也是静态参数，在 64 位平台的有效值范围为 1 MB 到 67108864 MB。

3. 排序区

排序区提供数据排序所需要的内存空间。在 SQL 语句需要排序时，所使用的内存就是排序区提供的。在每次排序过程中，都先申请内存，排序结束后再释放内存。

在 dm.ini 配置文件中以下参数与排序区有关：

```
SORT_BUF_SIZE = 36        # maximum sort buffer size in Megabytes
```

SORT_BUF_SIZE 参数控制的是排序区的大小。该参数为动态参数，有效值范围为 1 MB 到 2048 MB。由于其值是由系统内部排序算法和排序数据结构决定的，建议使用默认值 2 MB。

4. 哈希区

达梦数据库提供了为哈希连接而设定的缓冲区，但该缓冲区是虚拟缓冲区，这是因为在系统中没有真正创建特定属于哈希区的内存，而是在进行哈希连接时，对排序的数据量进行了计算。如果计算出的数据量大小超过了哈希区的大小，则使用 DM8 创新的外存哈希方式；如果没有超过哈希区的大小，实际上使用的还是 VPOOL 内存池。

dm.ini 配置文件中与哈希区有关的参数如下：

```
HJ_BUF_SIZE = 50   # maximum hash buffer size for single hash join
in Megabytes
```

HJ_BUF_SIZE 参数控制的是单个哈希连接操作符的数据总缓存大小。该参数为动态参数，有效值范围为 2 MB 到 100000 MB。由于其值的大小可能会限制哈希连接的效率，因此建议保持默认值，或设置为更大的值。

3.2.2 索引管理

索引是数据库表中一列或多列的值进行排序的一种结构,使用索引可快速访问数据库表中的特定信息,数据库程序无须对整个表进行扫描,就可以在其中找到所需的数据。当进行数据检索时,系统先搜索索引,从中找到数据的指针,再直接通过指针从表中取数据。索引的作用相当于图书的目录,可以根据目录中的页码快速找到所需的内容。

索引在逻辑上和物理上都与相关的表的数据无关,作为无关的结构,索引需要存储空间。创建或删除一个索引,不会影响基本的表、数据库应用或其他索引。当插入、更改和删除相关的表的行时,数据库会自动管理索引。

创建索引能提高查询效率,但也会增大修改数据的开销,使用索引时应综合考虑从表中检索数据和修改数据的速度。

索引的优点是查询快,缺点是会占用存储空间,在执行 insert、delete、update 操作时,会有额外的操作来维护索引。最常见的索引类型有:聚集索引、唯一索引、复合索引、函数索引、位图索引、全文索引等。

3.2.2.1 聚集索引和非聚集索引

聚集(clustered)索引,又称为聚簇索引。数据行的物理顺序与列值(一般是主键的那一列)的逻辑顺序相同,一个表中只能有一个聚集索引。打个比方,一个表就像新华字典,聚集索引就像拼音目录,而每个字存放的页码就是数据物理地址,如果要查询一个"我"字,我们只需要查询"我"字在新华字典拼音目录对应的页码,就可以查询到对应的"我"字所在的位置,而拼音目录对应的 A~Z 的字顺序和新华字典实际存储的字的顺序 A~Z 也是一样的,如果中文新出了一个字,拼音第一个字母是 B,那么它插入的时候也要按照拼音目录顺序插入 A 的后面。

如果不知道这个字的读音,这时就需要根据"偏旁部首"查找要找的字,然后根据这个字后的页码直接翻到某页来找到要找的字。但结合"部首目录"和"检字表"而查到的字的排序并不是真正的字典正文的排序方法,例如查找"张"字,我们可以看到在查部首之后的"检字表"中"张"的页码是 672 页,"检字表"中"张"的上面是"驰",但页码却是 63 页,"张"的下面是"弩",页码是 390 页。很显然,这些字并不是真正地分别位于"张"的上下方,现在看到的连续的"驰""张""弩"三字实际上就是它们在非聚集索引中的排序,是字典正文中的字在非聚集索引中的映射。我们把这种目录纯粹是目录、正文纯粹是正文的排序方式称为非聚集索引。

聚集索引和非聚集索引的区别如下。

(1) 一个表只能存在一个聚集索引,而一个表可以存在多个非聚集索引。

（2）聚集索引存储记录是物理上的连续，而非聚集索引是逻辑上的连续，物理存储并不连续。

（3）聚集索引是一种索引组织形式，索引的键值逻辑顺序决定了表数据行的物理存储顺序。非聚集索引就是普通索引，只对数据列创建相应的索引，不影响整个表的物理存储顺序。

3.2.2.2　唯一索引

唯一索引不允许具有索引值相同的行，从而禁止重复的索引或键值。系统在创建该索引时检查是否有重复的键值，并在每次使用 INSERT 或 UPDATE 语句添加数据时进行检查。

3.2.2.3　函数索引

函数索引包含函数或表达式的预先计算的值。如果建立了函数索引，数据库服务器会计算用户定义的函数的值，并将它们作为键值存储于索引中；如果表中的数据更改并导致索引键的某个值也发生变化，数据库服务器就会自动地更新函数索引。

若函数索引中使用的确定性函数发生了变化或被删除，则用户需手动重建函数索引；若函数索引中要使用用户自定义的函数，则函数必须是指定了 DETERMINISTIC 属性的确定性函数；若函数索引中使用的确定性函数内有不确定因素，则前后计算结果会不同。在查询使用函数索引时，使用数据插入函数索引时的计算结果为 KEY 值；修改时可能会导致在使用函数索引过程中出现根据聚集索引无法在函数索引中找到相应记录的情况，对此，进行报错处理。

3.2.2.4　索引管理

1. 创建索引

因为表的数据是无序的，而索引的数据是有序的，索引会占用存储空间，所以我们最好为索引规划一个自己的表空间。

创建索引表空间：

```
SQL>CREATE TABLESPACE INDEX1 DATAFILE '/dm/dmdbms/data/DAMENG
/index1_01.dbf' size 32;
```

（1）创建聚集索引。

DM8 的默认聚集索引键是 ROWID。若指定索引键，表中数据都会根据指定索引键排序。建表后，DM8 也可以用创建新聚集索引的方式来重建表数据，并按新的聚集索引排序。

例如，可以对 emp 表以 ename 列新建聚集索引：

```
SQL>CREATE CLUSTER INDEX clu_emp_name ON emp(ename);
```

新建聚集索引会重建这个表及其所有索引，包括二级索引、函数索引，是一个代价非常大的操作。因此，最好在建表时就确定聚集索引键，或在表中数据比较少时新建聚集索引，而尽量不要对数据量非常大的表建立聚集索引。

（2）创建唯一索引。

在表 dept 的 dname 列上创建一个唯一索引，索引的名称为 dept_unique_index，索引存储表空间为 users：

```
SQL>CREATE UNIQUE INDEX dept_unique_index ON dept (dname) STORAGE (ON users);
```

用户可以在希望的列上定义唯一约束，DM8 通过自动地在唯一键上定义一个唯一索引来保证唯一约束。

（3）创建函数索引。

基于函数的索引促进了限定函数或表达式的返回值的查询，该函数或表达式的值被预先计算出来并存储在索引中：

```
SQL>CREATE INDEX IDX ON EXAMPLE_TAB(COLUMN_A +COLUMN_B);
```

使用此函数索引：

```
SQL>SELECT *  FROM EXAMPLE_TAB WHERE COLUMN_A +COLUMN_B <10;
```

也可以通过 DM 管理工具，来创建索引，如图 3-3 所示。

2. 查看索引

查看索引程序如下：

```
SQL > select table_name,index_name from dba_indexes where table_name
= 'EMPLOYEE';
```

图 3-3　创建索引

3. 删除索引

删除索引程序如下：

```
SQL>drop index test.dept_unique_index;
```

也可以通过 DM 管理工具来管理（新增、查看、修改、删除）索引，如图 3-4 所示。

3.2.3　DEM 管理

DEM 的全称为 Dameng Enterprise Manager。DEM 为数据库提供了对象管理和数据库监控的功能，并且通过远程主机部署代理，能够实现对远程主机状态和远程主机上达梦数据库实例状态的监控。DEM 的监控不局限于单个数据库实例，它还能够对数据库集群（MPP、DSC、DataWatch）进行监控和管理。

图 3-4　管理索引

3.2.3.1　系统架构

DEM 由 DEM 服务器、DEM 存储数据库、要管理和监控的数据库实例、数据库代理服务（dmagent）组成。其中 DEM 服务器为 DEM 应用服务器，负责处理客户端工具功能逻辑并将 dmagent 收集到的数据存入 DEM 存储数据库中，同时给客户端展示数据。DEM 存储数据库存储 DEM 的元数据和 dmagent 收集到的监控数据。dmagent 为部署在远程机器上的代理，DEM 通过 dmagent 访问远程主机，同时 dmagent 收集监控信息发送给 DEM。DEM 的系统架构图如图 3-5 所示。

（1）管理对象层。

管理对象层由需要监控的对象组成，包括主机、主机上的数据库、运行在主机上的一个 dmagent。每个运行在主机上的 dmagent 负责收集自己的主机及主机上运行的所有数据库的运行数据信息。DEM 通过 dmagent 访问和操作主机及主机上的数据

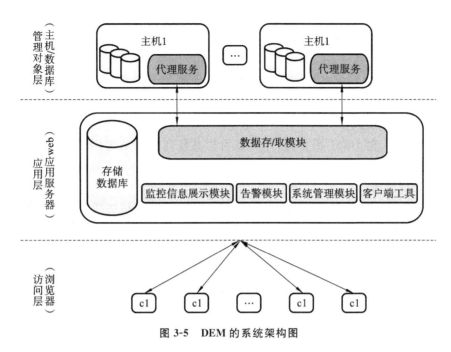

图 3-5　DEM 的系统架构图

库实例。

（2）应用层。

应用层包括存储数据库、数据存/取模块、监控信息展示模块、告警模块、系统管理模块及客户端工具。

①存储数据库主要负责监控数据的存储。

②数据存/取模块负责将各个主机上的代理服务发送过来的监控数据存入数据库，以及从数据库中检索数据给其他模块提供支持。

③监控信息展示模块负责组织整理监控信息，以表格或图形等多种便于用户查看的样式进行信息的展示，此外还对同属于一个集群系统的数据库进行分组管理和数据统计。

④告警模块负责提供告警策略的配置、对异常状态的检测及告警信息的发布。

⑤系统管理模块负责对系统进行统一管理，包括各种监控频率的控制、用户管理、权限管理、安全审计及日志记录等。

⑥客户端工具包括管理工具（Manager）、数据迁移工具及集群的部署工具等。

（3）访问层。

访问层为终端用户的远程系统访问。系统采用了 B/S 架构，用户的访问主要通过基于 http 协议的浏览器请求来完成。

3.2.3.2 系统特性

DEM 的系统特性表现在 5 个方面:集中式管理、功能全面、高度可扩展、主动监控及安全可靠。

(1) 集中式管理。

只需部署一套 DEM 服务器,用户就可以在任何地点通过网络访问 DEM 服务器,实现相应功能。

(2) 功能全面。

DEM 不仅提供了基本的数据库对象管理功能、数据迁移功能及数据库集群部署功能,还提供了对主机和数据库的监控和告警功能。

(3) 高度可扩展。

DEM 可分为数据库工具、监控和告警、系统管理 3 个模块,在模块上极易扩展。另外,数据库工具、监控和告警模块可以管理和监控任意类型的数据库实例,无论是单实例,还是集群实例,都可以按统一方式管理,同时在管理和监控的数据库实例数量上也极易扩展,可以轻松地从 1 个实例扩展到 1000 个实例。

(4) 主动监控。

DEM 通过 dmagent 定时收集数据库实例的信息,存储数据库实例的历史数据,提供分析依据,并能及时发现问题且发送告警通知。

(5) 安全可靠。

DEM 本身提供审计功能,可以查看详细的审计信息。

3.3 任务实现

全厂有 600 台达梦数据库服务器,如果 DBA 一台一台维护,工作量会很大,我们希望可以使用 DEM 来进行统一监控。我们可以将工厂信息中心的所有达梦数据库服务器或主机,都放在 DEM 上进行资源和性能监控(前提是每台被监控的主机需要安装达梦的代理)。这样就可以减小 DBA 的工作量,提高服务器的运维效率,规范信息中心的运维管理。

3.3.1 配置 DEM 服务器

DEM 部署需要准备:DEM WAR 包、JDK 包、Tomcat、达梦数据库。其中 DEM WAR 包在达梦数据库安装目录($DM_HOME/web/dem.war)下。Tomcat 需要自己准备,与要部署的机器版本匹配即可。达梦数据库为 DEM 的后台库,故需保证

DEM 所在机器能访问达梦数据库。

DEM 部署环境如下。

（1）操作系统：中标麒麟 7。

（2）数据库版本：DM8。

（3）JDK 版本：1.7 及以上。

（4）Tomcat 版本：8.0。

部署环境说明如图 3-6 所示。

```
[root@localhost 桌面]# cat /proc/version
Linux version 3.10.0-123.el7.x86_64 (mockbuild@svr151.cs2c.com.cn) (gcc version 4.8.2 20140120 (NeoKylin 4.8.2-16) (G
CC) ) #1 SMP Sun Jul 13 23:08:57 CST 2014
[root@localhost 桌面]# java -version
java version "1.7.0_51"
OpenJDK Runtime Environment (rhel-2.4.5.5.el7-x86_64 u51-b31)
OpenJDK 64-Bit Server VM (build 24.51-b03, mixed mode)
[root@localhost 桌面]# su - dmdba
上一次登录：一 5月 17 10:34:07 CST 2021pts/0 上
[dmdba@localhost ~]$ /dm8/bin/disql sysdba/dameng123

服务器[LOCALHOST:5236]:处于普通打开状态
登录使用时间 : 4.041(ms)
disql V8
SQL> exit
```

图 3-6　部署环境说明

3.3.1.1　安装 DM 软件并创建实例

这里创建的数据库就是 DEM 的后台数据库

3.3.1.2　修改 DM 参数并执行 dem 脚本

（1）修改 DEM 后台数据库 dm.ini 参数配置，推荐配置如下：

```
cat/dm/dmdbms/data/DAMENG/dm.ini
    MEMORY_POOL = 200
    BUFFER = 1024
    KEEP = 64
    MAX_BUFFER = 2000 (DM7 中设置，DM8 中已没有此参数)
    SORT_BUF_SIZE = 50
```

（2）在数据库中执行以下 SQL 脚本 dem_init.sql；此 SQL 脚本编码为 UTF-8，如果使用 disql 执行 SQL 脚本，请设置 SET CHAR_CODE UTF8。程序如下：

```
SQL> SET DEFINE OFF
SQL> SET CHAR_CODE UTF8
SQL> START /dm/dmdbms/web/dem_init.sql
```

```
......
[dmdba@ localhost bin]$ ./DmServiceDMSERVER restart
```

3.3.1.3 安装配置 JAVA

（1）安装 JDK，这里使用操作系统自带的 JDK 版本：

```
[root@ localhost 桌面]# java -version
java version "1.7.0_51"
OpenJDK Runtime Environment (rhel-2.4.5.5.el7-x86_64 u51-b31)
OpenJDK 64-Bit Server VM (build 24.51-b03, mixed mode)
```

注意：如果自己安装配置 JDK，安装完成后，需要使用 java-version 命令来检测其是否安装成功，并配置 JAVA 环境变量到 dmdba 用户的 .bash_profile 中。其中 JAVA_HOME 是 JDK 的安装目录。

（2）检查 JDK 是否安装成功：

```
[root@ localhost jdk1.8.0_152]# java -version
```

（3）配置 JAVA 环境变量到 DMDBA 用户的 .bash_profile 中：

```
[dmdba@ localhost ~ ]# vi .bash_profile
export JAVA_HOME= /usr/lib/jvm/java-1.7.0-openjdk-1.7.0.51-2.4.5.5.el7.
x86_64/jre
export PATH= $JAVA_HOME/bin:$PATH
```

（4）生效 JDK 环境变量：

```
[dmdba@ localhost ~ ]# source .bash_profile
```

3.3.1.4 配置 Tomcat

以下为 Linux 安装 Tomcat8 配置说明。

这里我们将 Tomcat8 部署到 /dm8/tomcat8 目录下，使用 DMDBA 用户来进行安装：

```
[root@ localhost bin]# su - dmdba
[dmdba@ localhost dm8]# pwd
/dm8
(1) 解压 tomcat
[dmdba@ localhost dm8]$ unzip apache-tomcat-8.0.20.zip
[dmdba@ localhost dm8]# mv apache-tomcat-8.0.20 tomcat8
[dmdba@ localhost dm8]# cd /dm8/tomcat8/bin
```

（1）编辑 catalina.sh 文件：

```
[dmdba@ localhost bin]$ pwd
/dm8/tomcat8/bin
[dmdba@ localhost bin]$ vi catalina.sh
在第二行输入
#chkconfig: 2345 10 90
#description:Tomcat service
CATALINA_HOME= /dm8/tomcat8
JAVA_HOME= /usr/lib/jvm/java-1.7.0-openjdk-1.7.0.51-2.4.5.5.el7.x86_
64/jre
JAVA_OPTS= "-server -Xms256m -Xmx1024m -XX:MaxPermSize= 512m -Djava.
library.path= /dm8/bin"
```

（2）修改 tomcat 的 server.xml 文件：

```
[dmdba@ localhost conf]# pwd
/dm8/tomcat8/conf
[root@ NeoKylin6- dm8 conf]# ls
catalina.policy catalina.properties context.xml logging.properties
server.xml tomcat- users.xml web.xml
[root@ NeoKylin6- dm8 conf]# vi server.xml
<Connector port= "8080" protocol= "HTTP/1.1"...追加属性字段 maxPostSize
= "-1"
```

```
<Connector port="8080" protocol="HTTP/1.1"
            connectionTimeout="20000"
            redirectPort="8443"
            maxPostSize="-1"/>
```

（3）复制 war 包：

```
[dmdba@ localhost conf]# cp /dm8/web/dem.war /dm8/tomcat8/webapps/
```

（4）启动 tomcat：

```
[dmdba@ localhost bin]$ pwd
/dm8/tomcat8/bin
[dmdba@ localhost bin]$ ./startup.sh
Using CATALINA_BASE:   /dm8/tomcat8
Using CATALINA_HOME:   /dm8/tomcat8
Using CATALINA_TMPDIR: /dm8/tomcat8/temp
Using JRE_HOME:        /usr/lib/jvm/java-1.7.0-openjdk-1.7.0.51-2.4.5.5.
el7.x86_64/jre
 Using CLASSPATH:            /dm8/tomcat8/bin/bootstrap.jar:/dm8/tomcat8/bin/
tomcat-juli.jar
Tomcat started.
[dmdba@ localhost bin]$
```

注意：必须先启动 tomcat，才能解压缩 DEM WAR 包
（5）修改 DB 配置文件：

```
[dmdba@ localhost WEB-INF]#  pwd
/dm8/tomcat8/webapps/dem/WEB-INF
[dmdba@ localhost WEB-INF]#  ls
classes db.xml deploy lib log4j.xml sslDir web.xml
[dmdba@ localhost WEB-INF]# cat db.xml
<? xml version= "1.0" encoding= "UTF-8"? >
<ConnectPool>
        <Server>192.168.1.18</Server>
        <Port>5236</Port>
        <User>SYSDBA</User>
        <Password>dameng123</Password>
        <InitPoolSize>5</InitPoolSize>
        <CorePoolSize>10</CorePoolSize>
        <MaxPoolSize>50</MaxPoolSize>
        <KeepAliveTime>60</KeepAliveTime>
        <DbDriver></DbDriver>
```

```
            <DbTestStatement>select 1</DbTestStatement>
            <SSLDir>../sslDir/client_ssl/SYSDBA</SSLDir>
            <SSLPassword></SSLPassword>
    </ConnectPool>
    [dmdba@ localhost WEB-INF]#
```

（6）重启 tomcat。

①关闭 tomcat：

```
    [dmdba@ localhost bin]$  ./shutdown.sh
```

②启动 tomcat：

```
    [dmdba@ localhost bin]$ ./startup.sh
```

3.3.1.5　登录 DEM 系统

DEM 的访问地址为 http://192.168.1.18:8080/dem/，默认用户名和密码分别为 admin 和 888888，如图 3-7 所示。

图 3-7　DEM 登录窗口

单击"登录"，进入 DEM 主界面，如图 3-8 所示。

3.3.2　配置 DEM 代理

在监控的节点部署并启用 dmagent。DM 的安装目录已经包含了 dmagent。这里在同一台主机上部署，即在同一台主机上既部署 DEM 服务，又部署 DEM 代理 dmagent。

图 3-8   DEM 主界面

（1）修改 dmagent 配置参数：

```
[dmdba@ localhost dmagent]$  pwd
/dm8/tool/dmagent
[root@ localhost dmagent]#  vi config.properties
# [General]
# run_mode values:
# 0 - assist process
# 1 - assist process & monitor
# 2 - assist process & monitor & deployer
run_mode= 2
ap_port= 6363
rmi_port= 6364
# [DEM]
center.url= http://192.168.1.18:8080/dem
center.agent_servlet= dem/dma_agent
~
[root@ localhost dmagent]#
```

（2）安装并启动 dmagent。
①查看代理安装目录：

```
[root@ localhost dmagent]#  pwd
/dm8/tool/dmagent
```

```
[root@ localhost dmagent]# ls
config.properties  DMAgentRunner.sh    lib        readme.pdf
data               DMAgentService.bat  log        VERSION
DMAgentRunner.bat  DMAgentService.sh   log4j.xml  wrapper
[root@ localhost dmagent]#
```

②启动 DEM 代理服务,使用 root 账号来启动代理服务。

```
[root@ localhost dmagent]#  ./DMAgentService.sh install
Detected RHEL or Fedora:
Installing the DMAgentService daemon..
[root@ localhost dmagent dmagent]#  ./DMAgentService.sh start
Starting DMAgentService...
.......... running: PID:5328
[root@ localhost dmagent]#
```

3.3.3　利用 DEM 工具来监控

被监控的服务器在代理启动后会自动显示在 DEM 监控中。
DEM 主机监控如图 3-9 所示。

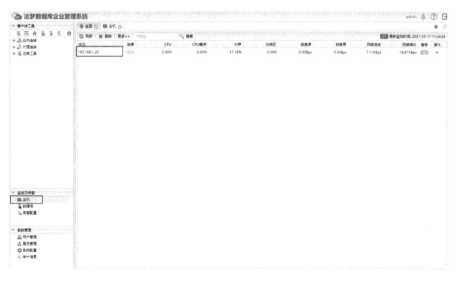

图 3-9　DEM 主机监控

DEM 主机监控选项页如图 3-10 所示。

图 3-10　DEM 主机监控选项页

DEM 主机负载监控如图 3-11 所示。

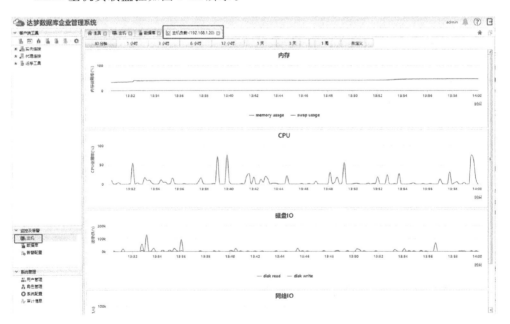

图 3-11　DEM 主机负载监控

DEM 磁盘监控如图 3-12 所示。

DEM 添加监控数据库如图 3-13 所示。

DEM 数据库监控如图 3-14 所示。

通过 DEM 工具可以查看服务器各性能分析选项,如图 3-15 所示。

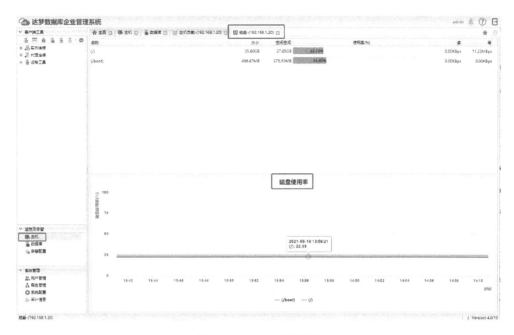

图 3-12　DEM 磁盘监控

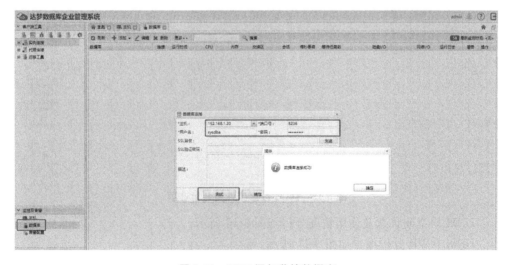

图 3-13　DEM 添加监控数据库

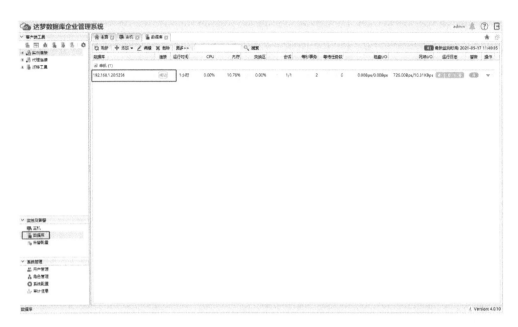

图 3-14 DEM 数据库监控

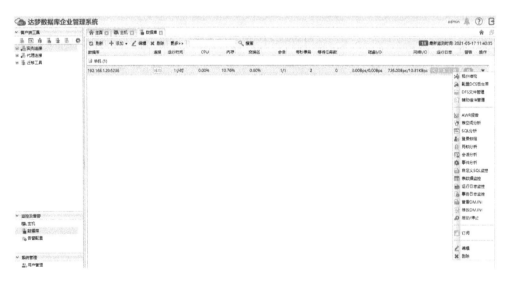

图 3-15 DEM 数据库性能分析选项

DEM 表空间状态及使用情况分析如图 3-16 所示。

DEM AWR 分析报告如图 3-17 所示。

DEM 运行日志分析如图 3-18 所示。

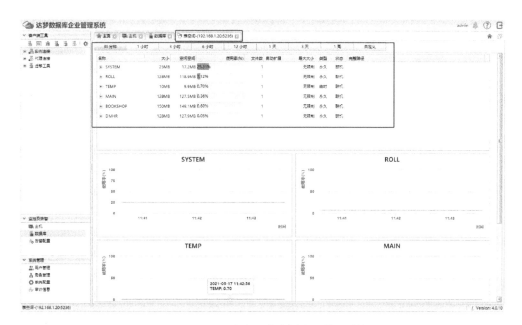

图 3-16　DEM 表空间状态及使用情况分析

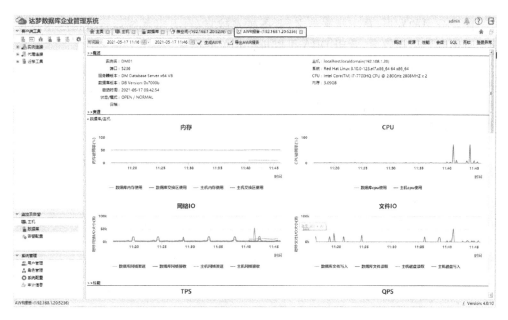

图 3-17　DEM AWR 分析报告

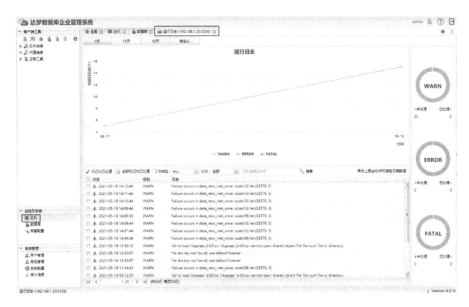

图 3-18　DEM 运行日志分析

3.3.4　对数据库性能进行优化

随着公司的发展,员工越来越多,业务越来越复杂,人事系统运行得也越来越慢。这严重影响了工作效率,希望 DBA 可以进行相关的优化工作。

经过对人事系统的监控,我们发现与人员表(EMP)相关的操作比较缓慢,人事系统存在性能问题,我们需要在人员表(EMP)上创建索引来提升系统性能。根据分析,我们在员工姓名列(EMPOLYEE_NAME)查询的比较多,所以在其上创建相关的索引来提升系统性能。例如:

```
SQL>explain select employee_id,employee_name,email
from emp.EMP   where employee_id<20;
1   # NSET2:[1,1, 108]
2     # PRJT2:[1,1, 108]; exp_num(4), is_atom(FALSE)
3       # SLCT2:[1,1, 108]; EMP.EMPLOYEE_ID <20
4         # CSCN2:[1,1, 108]; INDEX33555570(EMP)
已用时间:1.750(毫秒). 执行号:0.
SQL>
```

在 EMP(EMPLOYEE_ID)上创建索引 EMP_IND。

(1) 使用管理工具创建索引。新建索引、设置索引相关信息、显示新建索引分别如图 3-19、图 3-20、图 3-21 所示。

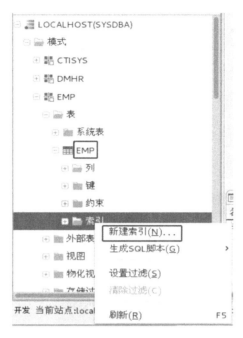

图 3-19　新建索引

图 3-20　设置索引相关信息

图 3-21　显示新建索引

(2) 使用 SQL 语句创建索引：

```
create index "EMP_IND" on "EMP"."EMP"("EMPLOYEE_ID")
```

创建索引 EMP_IND 后，查询 EMP 表的执行计划和执行时间。

```
收集统计信息
begin
dbms_stats.gather_table_stats('EMP','EMP');
end;
/
查看 EMP 表的执行计划和执行时间
SQL> explain select employee_id,employee_name, email from emp.EMP where
employee_id<20;
1   # NSET2:[1, 1, 108]
2     # PRJT2:[1, 1, 108]; exp_num(4), is_atom(FALSE)
3       # BLKUP2:[1, 1, 108]; EMP_IND(EMP)
4         # SSEK2:[1, 1, 108]; scan_type(ASC), EMP_IND(EMP), scan_range
(null2,20)
已用时间:1.590(毫秒).执行号:0.
SQL>
```

可以看出创建索引 EMP_IND 后，SQL 语句 select employee_id,employee_name, email from emp.EMP where employee_id<20 的执行计划有所改变，执行时间也由 1.750 ms 变为 1.590 ms，SQL 查询性能有所提高。由于数据是测试数据，数据量不大(868 条记录)，因此性能提升不明显。

由于人事系统数据量增大，数据缓冲区（buffer 区）已经不够用，需要扩大 buffer 区。

查询 buffer 区大小如图 3-22 所示。

```
SQL> select para_name,para_value from v$dm_ini where para_name like '%BUFFER%'
;

行号    PARA_NAME              PARA_VALUE
1       HUGE_BUFFER           80
2       HUGE_BUFFER_POOLS     4
3       BUFFER                304
4       BUFFER_POOLS          11
5       BUFFER_FAST_RELEASE   1
6       MAX_BUFFER            304

6 rows got

已用时间: 4.432(毫秒). 执行号:6.
SQL>
```

图 3-22　查询 buffer 区大小

目前 buffer 区大小为 304 MB（达梦数据库参数单位默认为 M）。利用 sp_set_para_value过程对参数进行修改：

```
SQL> sp_set_para_value(2,'BUFFER',1024);
```

重启服务后再查询 buffer 区大小，发现 buffer 区大小为 1024 MB。buffer 区扩充完成，如图 3-23 所示。

```
select para_name,para_value from v$dm_ini where para_name='BUFFER';
```

	PARA_NAME	PARA_VALUE
	VARCHAR(128)	VARCHAR(256)
1	BUFFER	1024

图 3-23　重启服务后再查询 buffer 区大小

任务4 数据库备份容灾

4.1 任务说明

人事系统后台数据库为达梦数据库，实例名为 DMSERVER。今天机房突然断电，导致实例 DMSERVER 崩溃，直接宕机。幸好今天凌晨 2:00 对实例 DMSERVER 做了一次物理全备，现在需要对实例 DMSERVER 进行恢复，来保证人事系统的正常运行。

还需做好人事系统相应的备份策略，即何时进行完全备份，何时进行增量备份，何时清理无用的备份集。并且希望备份策略能定时自动执行。

4.2 任务所需知识点

4.2.1 数据库备份还原

4.2.1.1 备份还原相关概念

1. 数据库物理备份

数据库备份分为物理备份和逻辑备份两种类型。物理备份是指为防止系统出现操作失误或系统故障导致数据丢失，而将全部或部分数据集合从应用主机的硬盘或阵列复制到其他存储介质的过程，是对数据文件、控制文件、归档日志文件的备份，是将实际组成数据库的操作系统文件从一处复制到另一处的备份过程，如图 4-1 所示。物理备份又分为联机备份（热备份）和脱机备份（冷备份）。

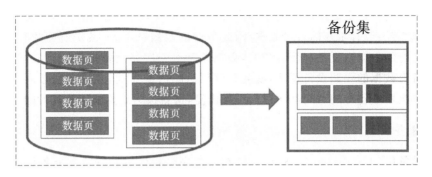

图 4-1　物理备份

使用联机备份时,数据库处于运行状态,可以对外提供服务。因此可能存在一些处于活动状态的、正在执行的事务。联机备份是非一致性备份,为确保备份数据的一致性,需要将备份期间产生的 REDO 日志一起备份。因此,只能在配置本地归档并开启本地归档的数据库上执行联机备份。

使用脱机备份时,数据库必须关闭。脱机备份会强制将检查点之后的有效REDO 日志复制到备份集中,因此,脱机备份是一致性备份。数据库正常关闭时,会生成完全检查点,脱机备份生成的备份集中,不包含任何 REDO 日志。一致性备份的备份集包含完整的数据文件内容和归档日志信息;利用一个单独的备份集可以将数据库状态恢复到备份时的状态。

2. 备份策略

备份策略是指确定需要备份的内容、备份时间及备份方式。各个单位要根据自己的实际情况来制定不同的备份策略。目前采用最多的备份策略主要有以下三种。

1) 完全备份

完全备份(full backup)是指备份整个数据库,恢复时恢复所有数据。这种备份策略的优点是:当发生数据丢失的"灾难"时,只要有一份备份,就可以恢复丢失的数据。其缺点是:每天都对整个系统进行完全备份,会导致备份的很多数据重复,这些重复的数据占用了大量的存储空间,对用户来说,这意味着成本增加;其次,由于需要备份的数据量较大,因此备份所需的时间也较长,对那些业务繁忙、备份时间有限的单位来说,选择这种备份策略是不明智的。

2) 增量备份

增量备份(incremental backup)是指在一次完全备份或上一次增量备份后,每次备份时只需备份与上一次相比增加或者被修改的文件。这就意味着,第一次增量备份的对象是进行完全备份后所产生的增加或者被修改的文件;第二次增量备份的对象是进行第一次增量备份后所产生的增加或者被修改的文件;依此类推。这种备份方式最显著的优点是:没有重复的备份数据,因此备份的数据量不大,备份所需的时间很短。但增量备份的数据恢复是比较麻烦的,必须具有上一次完全备份和所有增量备份,一旦存储备份数据的存储设备损坏,就会导致数据库恢复失败,并且它们必须按从完全备份到依次增量备份的时间顺序逐个反推恢复,这就极大地延长了恢复时间。

3) 差异备份

差异备份(differential backup)是指在一次完全备份后到进行差异备份的这段时间内,对那些增加或者被修改的文件的备份。在进行恢复时,只需对第一次完全备份和最后一次差异备份进行恢复。差异备份既避免了上述两种备份策略的缺陷,又具有它们各自的优点。首先,它具有增量备份所需时间短、节省存储空间的优势;其次,它具有完全备份恢复所需数据量小、恢复时间短的特点。系统管理员只进行完全备份与"灾难"发生前一天的差异备份,就可以将系统恢复。

在生产环境中,备份策略在很多时候是混合使用的。例如,在星期天和星期三进行完全备份,在星期一、星期二、星期四、星期五进行增量备份。在星期五,数据被破坏了,如果进行完全恢复,则需要还原星期三正常的完全备份和从星期四至星期五的所有增量备份。

3. 逻辑备份与逻辑还原

逻辑备份是对数据库内部逻辑对象的备份,是利用 SQL 语言从数据库中抽取数据并存于二进制文件的过程,是将指定对象(库级、模式级、表级)的数据导出到文件的备份方式。逻辑备份针对的是数据内容,不关心这些数据的物理存储位置,利用 dexp 导出工具实现。数据库逻辑备份是物理备份的补充,如图 4-2 所示。

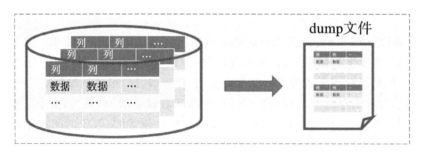

图 4-2　逻辑备份

逻辑还原是逻辑备份的逆过程,利用 dimp 工具,将 dexp 导出的备份数据重新导入目标数据库。

4.2.1.2　重做日志和归档模式管理

1. 还原和恢复

还原和恢复是备份的逆过程。还原是指将备份集中的有效数据页重新写入目标数据文件的过程。恢复则是指通过重做归档日志,将数据库状态恢复到备份结束时的状态;也可以恢复到指定时间点和指定 LSN(log sequence number,日志序列号)。恢复结束后,数据库中可能存在处于未提交状态的活动事务,这些活动事务在恢复结束后的第一次数据库系统启动时,会由达梦数据库自动进行回滚。备份、还原与恢复之间的关系如图 4-3 所示。

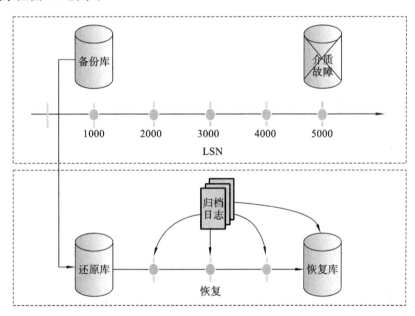

图 4-3　备份、还原与恢复之间的关系

2. 联机重做日志

重做日志(REDO LOG),记录了所有数据页的修改,包括操作类型、表空间号、文件号、页号、页内偏移、实际数据等的修改。数据库中 INSERT、DELETE、UPDATE 等 DML 操作及 CREATE TABLE 等 DDL 操作转化为对某些数据文件、某些数据页的修改。通过重做日志可以保证数据库的完整性和一致性。

达梦数据库默认包含两个扩展名为 log 的联机重做日志文件。这两个文件用来保存 REDO 日志，循环使用。任何数据页从内存缓冲区写入磁盘之前，必须保证其对应的 REDO 日志已经写入联机重做日志文件。

我们可以通过以下几个视图来查看重做日志和归档的信息。

（1）V＄RLOG：显示日志的总体信息，包括当前 LSN、归档日志、检查点等。

（2）V＄RLOGFILE：显示日志文件的具体信息，包括文件号、完整路径、文件的状态、文件大小等。

（3）V＄ARCHIVED_LOG：显示当前实例的所有归档日志文件信息。

3. 归档日志

DM 实例可以在归档模式和非归档模式下运行。在归档模式下，会产生归档日志文件。归档日志有本地归档（LOCAL）、远程实时归档（REALTIME）、即时归档（TIMELY）、远程异步归档（ASYNC）、远程归档（REMOTE）5 种类型。

1）本地归档

本地归档文件用来存储重做日志文件中的数据。归档线程负责将重做日志数据写入本地归档文件，最多可以设置 8 个本地归档。启动归档后，如果因为磁盘空间不足日志无法归档，则实例会被强制挂起，直到磁盘空间释放，本地归档可以正常运行，实例才会继续正常执行。

2）远程实时归档

在 REDO 数据从日志缓冲区写入联机重做日志文件之前，通过 MAL 系统将 REDO 日志发送到远程服务器，远程服务器收到 REDO 日志后，返回确认消息。收到确认消息后，执行后续操作。

如果发送 REDO 日志失败，或从备库返回的数据库模式不是 STANDBY，则将数据库状态切换到 SUSPEND 状态，阻塞所有 REDO 日志的写入操作。

3）即时归档

即时归档在主库将 REDO 日志写入联机重做日志文件之后，通过 MAL 系统将 REDO 日志发送到备库。即时归档是读写分离集群的实现基础，与实时归档的主要区别是发送 REDO 日志的时机不同。一个主库可以配置 1～8 个即时备库。

4）远程异步归档

在设定的时间点或者每隔设定时间，启动归档 REDO 日志发送。设置定时归档，必须确保至少有一个本地归档。系统调度线程根据设定，触发归档 REDO 日志发送事件。通过 MAL 系统，获取远程服务器的当前 LSN，生成发送归档 REDO 日志任务,加入任务队列。归档任务线程获取任务,通过 MAL 系统发送到远程服务器。最多可以配置 8 个远程异步归档。

5) 远程归档

远程归档就是将写入本地归档的 REDO 日志信息,发送到远程节点,并写入远程节点的指定归档目录中。远程归档与本地归档的主要区别是 REDO 日志写入的位置不同,本地归档将 REDO 日志写入数据库实例所在节点的磁盘,远程归档则将 REDO 日志写入其他数据库实例所在节点的指定归档目录。远程归档日志文件的命名规范和本地归档日志文件的命名规范保持一致,都是以"归档名＋归档文件的创建时间"进行组合命名的。最多可以配置 8 个远程归档。

备注:MAL 系统是 DM 内部高速通信系统,基于 TCP/IP 协议实现。服务器的很多重要功能都是通过 MAL 系统实现通信的,如数据守护、数据复制、MPP(massively parallel processing)、远程日志归档等。MAL 系统内部包含一系列线程,如 MAL 监听线程、MAL 发送工作线程、MAL 接收工作线程等。

LSN 是由系统自动维护的 Bigint 类型数值,具有自动递增、全局唯一特性,每一个 LSN 值代表 DM 系统内部产生的一个物理事务。物理事务(physical transaction, ptx)是数据库内部一系列修改物理数据页操作的集合,与数据库管理系统中事务(transaction)概念相对应,具有原子性、有序性、无法撤销等特性。

4.2.2　联机物理备份还原实战

在数据库处于运行状态并正常提供数据库服务的情况下进行的备份操作,称为联机备份。联机备份可以使用客户端工具连接到数据库实例后,通过执行 SQL 语句进行;也可以通过配置作业,定时完成自动备份。联机备份不影响数据库正常提供服务,是常用的备份手段之一。联机备份时,可能存在一些处于活动状态的事务正在执行,为确保备份数据的一致性,需要将备份期间产生的 REDO 日志一起备份。因此,只能在配置本地归档并开启本地归档的数据库上执行联机备份。联机还原是指数据库处于运行状态时,通过 SQL 语句执行还原操作。表还原可以在联机状态下执行。

4.2.2.1　数据库备份

对整个数据库执行的备份称为数据库备份,又称为库备份。库备份会复制数据库中所有数据文件的有效数据页,如果是联机备份,则还会复制备份过程中产生的归档日志,写入备份集中。接下来,我们学习在 DISQL 工具中使用 SQL 语句进行数据库备份的知识。

SQL 备份语法如下:

```
    BACKUP DATABASE [[[ FULL] [DDL _ CLONE]] | INCREMENT [ CUMULATIVE][WITH
BACKUPDIR '<基备份搜索目录>'{,'<基备份搜索目录>'} |[BASE ON <BACKUPSET '<基备份
目录>']][TO <备份名>]BACKUPSET ['<备份集路径>']
    [DEVICE TYPE <介质类型>[PARMS '<介质参数>']]
    [BACKUPINFO '<备份描述>'] [MAXPIECESIZE <备份片限制大小>]
    [IDENTIFIED BY <密码>[WITH ENCRYPTION<TYPE>][ENCRYPT WITH <加密算法>]]
    [COMPRESSED [LEVEL <压缩级别>]] [WITHOUT LOG]
    [TRACE FILE '<TRACE 文件名>'] [TRACE LEVEL <TRACE 日志级别>]
    [TASK THREAD <线程数>][PARALLEL [<并行数>]];
```

几个主要的参数如下。

(1) FULL:表示完全备份,在不指定该选项的情况下,默认也是完全备份。

(2) INCREMENT:表示增量备份,执行增量备份必须指定该参数。

(3) CUMULATIVE:表示累积增量备份(备份完全备份以来所有变化的数据块),若不指定,默认为差异增量备份(备份上次备份以来有变化的数据块)。

(4) WITH BACKUPDIR:指定增量备份中基备份的搜索目录。若不指定,服务器自动在默认备份目录下搜索基备份。如果基备份不在默认的备份目录下,增量备份必须指定该参数。

(5) BASE ON:用于增量备份中,指定基备份集目录。

(6) TO:指定生成备份的名称。若没有指定,则随机生成,默认备份名格式为DB_备份类型_数据库名_备份时间。

(7) BACKUPSET:指定当前备份集生成路径。若没有指定,则在默认备份路径中生成默认备份集目录。

(8) DEVICE TYPE:指定存储备份集的介质类型,支持 DISK(磁盘)和 TAPE(磁带),默认介质类型为 DISK。

(9) BACKUPINFO:指定备份的描述信息。

(10) MAXPIECESIZE:指定最大备份片文件大小上限,以 MB 为单位,最小 128 MB,32 位系统最大 2 GB,64 位系统最大 128 GB。

(11) COMPRESSED:取值范围为0~9。0级表示不压缩,压缩级别越高,压缩越慢。若没有指定压缩级别,但指定 COMPRESSED,则默认为1;否则,默认为0。

(12) WITHOUT LOG:表示在进行联机数据库备份时是否备份日志。如果使用了 WITHOUT LOG 参数,在 DMRMAN 还原时,必须指定 WITH ARCHIVEDIR 参数。

(13) TASK THREAD:表示在数据库备份过程中,进行数据处理的线程的个数,取值范围为0~64,默认为4。若指定为0,则调整为1;若指定超过当前系统主机核数,则调整为主机核数。线程数(TASK THREAD)×并行数(PARALLEL)不得超

过 512。

(14) PARALLEL：指定并行备份的并行数，取值范围为 0~128。若不指定，则默认为 4，指定 0 或者 1 均认为非并行备份。若未指定关键 PARALLEL，则认为非并行备份。并行备份不支持存在介质为 TAPE 的备份。线程数（TASK THREAD）×并行数（PARALLEL）不得超过 512。

示例 1 完全备份：

```
backup database backupset '/dm/dmbak/db_full_01'
操作已执行
已用时间: 00:00:01.768. 执行号:2292.
SQL>host ls -lh /dm/dmbak/full_01
总用量 996K
-rw-rw-r--1 dmdba dinstall  122K 12 月 18 01:42 full_01_1.bak
-rw-rw-r--1 dmdba dinstall  776K 12 月 18 01:42 full_01.bak
-rw-rw-r--1 dmdba dinstall  93K 12 月 18 01:42 full_01.meta
```

示例 2 增量备份：

```
SQL>backup database increment with backupdir
'/dm/dmbak' backupset '/dm/dmbak/increment_bak_01';
操作已执行
已用时间: 936.081(毫秒). 执行号:2309.
SQL>host ls -lh /dm/dmbak/increment_bak_01
总用量 10M
-rw-rw-r--1 dmdba dinstall  5.0K 12 月 18 01:53 increment_bak_01_1.bak
-rw-rw-r--1 dmdba dinstall  9.9M 12 月 18 01:53 increment_bak_01.bak
-rw-rw-r--1 dmdba dinstall  93K 12 月 18 01:53 increment_bak_01.meta
```

4.2.2.2 表空间备份

针对特定表空间执行的备份称为表空间备份。表空间备份只能在联机状态下执行。在 DISQL 工具中使用 BACKUP 语句也可以备份单个表空间。与备份数据库一样，执行表空间备份的数据库实例也必须在归档模式下运行，启动 DISQL，输入以下语句即可备份表空间。

联机备份表空间语法如下：

```
BACKUP TABLESPACE <表空间名>[FULL | INCREMENT [CUMULATIVE][WITH BACKUPDIR '
<基备份搜索目录>'{,'<基备份搜索目录>'}]|[BASE ON BACKUPSET '<基备份集目录>']]
[TO <备份名>]BACKUPSET ['<备份集路径>']
    [DEVICE TYPE <介质类型>[PARMS '<介质参数>']]
    [BACKUPINFO '<备份集描述>'][MAXPIECESIZE <备份片限制大小>]
    [IDENTIFIED BY <加密密码>[WITH ENCRYPTION<TYPE>][ENCRYPT WITH <加密算法
>]]
    [COMPRESSED [LEVEL <压缩级别>]]
    [TRACE FILE '<TRACE 文件名>'][TRACE LEVEL <TRACE 日志级别>]
    [TASK THREAD <线程数>][PARALLEL [<并行数>][READ SIZE <拆分块大小>]
    ];
```

几个主要的参数如下。

(1) 表空间名:指定备份的表空间名称(除了 TEMP 表空间)。

(2) FULL|INCREMENT:指定备份类型,FULL 表示完全备份,INCREMENT 表示增量备份。若不指定,默认为完全备份。

(3) CUMULATIVE:用于增量备份中,指明为累积增量备份类型,若不指定,则缺省为差异增量备份类型。

(4) WITH BACKUPDIR:用于增量备份中,指定备份目录,最大长度为 256 个字节。若不指定,自动在默认备份目录下搜索基备份。如果基备份不在默认的备份目录下,增量备份必须指定该参数。

(5) BASE ON:用于增量备份中,指定基备份集目录。

(6) TO:指定生成备份名称。若未指定,系统随机生成,默认备份名格式为 DB_备份类型_表空间名_备份时间。其中,备份时间为开始备份的系统时间。

(7) BACKUPSET:指定当前备份集生成路径。若指定为相对路径,则在默认备份路径中生成备份集。若不指定,则在默认备份路径下以约定规则生成默认的表空间备份集目录。表空间备份默认备份集目录名生成规则为 TS_表空间名_备份类型_时间,如 TS_MAIN_INCREMENT_20180518_143057_123456,表明该备份集为 2018 年 5 月 18 日 14 时 30 分 57 秒 123456 毫秒时生成的表空间名为 MAIN 的表空间增量备份集。若表空间名称超长,上述完整名称长度大于 128 个字节,则去掉表空间名字段,调整为 TS_备份类型_时间。

(8) DEVICE TYPE:指定存储备份集的介质类型,支持 DISK 和 TAPE,默认介质类型为 DISK。

(9) PARMS:只对介质类型 TAPE 有效。

(10) BACKUPINFO:指定备份的描述信息。最大长度不超过 256 个字节。

(11) MAXPIECESIZE:指定最大备份片文件大小上限,以 MB 为单位,最小 32

MB，32 位系统最大 2 GB，64 位系统最大 128 GB。

（12）IDENTIFIED BY：指定备份时的加密密码。密码应用双引号，这样可避免一些特殊字符通不过语法检测。密码的设置规则遵行 ini 参数 pwd_policy 指定的口令策略。

（13）WITH ENCRYPTION：指定加密类型，0 表示不加密，不对备份文件进行加密处理；1 表示简单加密，对备份文件设置口令，但文件内容仍以明文方式存储；2 表示完全数据加密，对备份文件进行完全加密，备份文件以密文方式存储。当不指定WITH ENCRYPTION 子句时，采用简单加密。

（14）ENCRYPT WITH：指定加密算法。当不指定 ENCRYPT WITH 子句时，使用 AES256_CFB 加密算法。

（15）COMPRESSED：取值范围为 0～9。0 表示不压缩，1 表示 1 级压缩，9 表示9 级压缩。压缩级别越高，压缩越慢，但压缩比越高。若未指定压缩级别，但指定COMPRESSED，则默认为 1；否则，默认为 0。

（16）TRACE FILE：指定生成的 TRACE 文件。启用 TRACE，但不指定TRACE FILE 时，默认在达梦数据库系统的 log 目录下生成 DM_SBTTRACE_年月.LOG 文件；若使用相对路径，则生成在执行码同级目录下。若用户指定，则指定的文件不能为已经存在的文件，否则报错；也不可以为 ASM 文件。

（17）TRACE LEVEL：有效值为 1、2。值为 1 表示不启用 TRACE，此时若指定了 TRACE FILE，会生成 TRACE 文件，但不写入 TRACE 信息；值为 2 表示启用TRACE 并写入 TRACE 相关内容。默认值为 1。

（18）TASK THREAD：表示在数据库备份过程中，进行数据处理的线程的个数，取值范围为 0～64，默认为 4。若指定为 0，则调整为 1；若指定超过当前系统主机核数，则调整为主机核数。线程数（TASK THREAD）×并行数（PARALLEL）不得超过 512。

（19）PARALLEL：指定并行备份的＜并行数＞和 READ SIZE＜拆分块大小＞。

示例 1　表空间完全备份：

```
SQL>BACKUP TABLESPACE MAIN FULL BACKUPSET '/home/dm_bak/ts_full_bak_01';
```

示例 2　表空间增量备份：

```
SQL > BACKUP TABLESPACE MAIN INCREMENT WITH BACKUPDIR '/home/dm _ bak '
BACKUPSET '/home/dm_bak/ts_increment_bak_02';
```

备份语句中指定的 INCREMENT 参数表示执行的备份类型为增量备份，不可省略。若要创建累积增量备份，还需要指定 CUMULATIVE 参数，否则缺省为差异增量备份。若基备份不在默认备份目录，则必须指定 WITH BACKUPDIR 参数，以用于搜索基备份集。

4.2.2.3 表备份与还原

1. 表备份

表备份是指从 BUFFER 中读取表所有的数据页到备份集中,并记录表的元信息(建表语句、约束语句、索引语句)。表备份只能在联机状态下执行,一次表备份操作只能备份一张用户表,并且不支持增量表备份。表备份复制指定表使用的所有数据页到备份集中,并记录各个数据页之间的逻辑关系以恢复表数据结构。表备份是联机完全备份,与数据库、表空间备份不同,备份表不需要备份归档日志。备份表时不需要服务器配置归档,在 DISQL 工具中即可进行表的备份。

表备份的 SQL 语法如下:

```
BACKUP TABLE <表名>[TO <备份名>]
BACKUPSET ['<备份集路径>'] [DEVICE TYPE <介质类型>[PARMS '<介质参数>']]
[BACKUPINFO '<备份集描述>'] [MAXPIECESIZE <备份片限制大小>]
[IDENTIFIED BY <加密密码>][WITH ENCRYPTION<TYPE>][ENCRYPT WITH <加密算法>]]
[COMPRESSED [LEVEL <压缩级别>]] [TRACE FILE '<trace 文件名>'] [TRACE LEVEL <trace 日志级别>]
```

语法选项和之前的并没有区别,这里不再描述。

示例 1 备份 dmhr 用户下的 city 表:

```
SQL>backup table dmhr.city backupset  '/dm/dmbak/tab_bak_01';
操作已执行
已用时间: 00:00:01.387. 执行号:2391.
SQL>  host ls -lrt /dm/dmbak/tab_bak_01
总用量 92
-rw-rw-r--1 dmdba dinstall 20992 12 月 18 04:12 tab_bak_01.bak
-rw-rw-r--1 dmdba dinstall 59392 12 月 18 04:12 tab_bak_01.meta
```

2. 表还原

表还原操作只能联机执行,即数据库必须处于 OPEN 状态才可以执行表还原操作。数据还原过程从表备份集复制数据页,重构数据页之间的逻辑关系,并重新形成一个完整的表对象。在数据还原过程结束后,使用备份集中记录的信息,重新在表上创建二级索引,并建立各种约束。表还原是联机完全备份还原,不需要借助本地归档日志,还原后不需要恢复。

表还原的 SQL 语法如下:

```
RESTORE TABLE [<表名>][STRUCT]
[WITH INDEX | WITHOUT INDEX][WITH CONSTRAINT|WITHOUT CONSTRAINT]
FROM BACKUPSET'<备份集路径>'[DEVICE TYPE <介质类型>[PARMS '<介质参数>']]
[IDENTIFIED BY <密码>][ENCRYPT WITH <加密算法>]
[TRACE FILE '<TRACE 文件名>'][TRACE LEVEL <TRACE 日志级别>];
```

几个主要的参数如下。

(1) WITH /WITHOUT INDEX:指定还原数据后是否重建二级索引,默认重建。

(2) WITH/WITHOUT CONSTRAINT:指定还原数据后是否在目标表上重建约束,默认重建。约束和索引的状态和备份表的保持一致,即之前是无效或不可见的,在重建之后依旧保持无效或不可见。

(3) STRUCT:指定 STRUCT 则执行表结构还原。根据备份集中备份表还原要求,对目标表定义进行校验,并删除目标表中已存在的二级索引和约束。

这里要注意,如果不指定 STRUCT 关键字,则仅执行表数据还原,表数据还原默认仅会将备份表中聚集索引上数据还原,仅会在目标表定义与备份表一致且不存在二级索引或约束的情况下执行。所以大部分的表还原都需要先执行 STRUCT,重建表,再执行实际数据的还原。

示例 2　备份 dmhr 用户下的 job 表:

```
SQL>backup table dmhr.job backupset '/dm/dmbak/job_bak_01';
操作已执行
已用时间: 932.380(毫秒). 执行号:2392.
```

直接还原表,提示有二级索引或约束:

```
SQL>restore table dmhr.job from backupset '/dm/dmbak/job_bak_01';
restore table dmhr.job from backupset '/dm/dmbak/job_bak_01';
[-8327]:还原表中存在二级索引或冗余约束.
已用时间: 44.053(毫秒). 执行号:0.
```

重构表并还原:

```
SQL>restore table dmhr.job struct from backupset '/dm/dmbak/job_bak_01';
操作已执行
已用时间：74.888(毫秒). 执行号：2394.
SQL>restore table dmhr.job from backupset '/dm/dmbak/job_bak_01';
操作已执行
已用时间：70.561(毫秒). 执行号：2395.
```

还原数据不重建索引：

```
SQL>   restore table dmhr.job struct from backupset '/dm/dmbak/job_bak_01';
操作已执行
已用时间：20.287(毫秒). 执行号：2397.
SQL>restore table dmhr.job without index from backupset '/dm/dmbak/job_bak_
01';
操作已执行
已用时间：71.159(毫秒). 执行号：2398.
```

还原数据不重建约束：

```
SQL>restore table dmhr.job struct from backupset '/dm/dmbak/job_bak_01';
操作已执行
已用时间：21.658(毫秒). 执行号：2400.
SQL>restore table dmhr.job without constraint from backupset '/dm/dmbak/job
_bak_01';
操作已执行
已用时间：46.527(毫秒). 执行号：2401.
```

4.2.2.4   归档备份

联机 SQL 语句进行归档备份，备份语法如下：

```
BACKUP <ARCHIVE LOG |ARCHIVELOG>
[ALL | [FROM LSN <lsn>]| [UNTIL LSN <lsn>]|[LSN BETWEEN <lsn> AND <lsn>] |
[FROM TIME '<time>']|[UNTIL TIME '<time>']|[TIME BETWEEN'<time>'>AND '<time>
']][<notBackedUpSpec>][DELETE INPUT]
```

〔TO <备份名>〕〔<备份集子句>〕;<备份集子句>::= BACKUPSET〔'<备份集路径>'〕
〔DEVICE TYPE <介质类型>〔PARMS '<介质参数>'〕〕

　　〔BACKUPINFO '<备份描述>'〕〔MAXPIECESIZE <备份片限制大小>〕

　　〔IDENTIFIED BY <密钥>〔WITH ENCRYPTION<TYPE>〕〔ENCRYPT WITH <加密算法>〕〕

　　〔COMPRESSED〔LEVEL <压缩级别>〕〕〔WITHOUT LOG〕

　　〔TRACE FILE '<trace 文件名>'〕〔TRACE LEVEL <trace 日志级别>〕

　　〔TASK THREAD <线程数>〕〔PARALLEL〔<并行数>〕〔READ SIZE <拆分块大小>〕〕;

几个主要的参数如下。

（1）ALL:表示备份所有的归档。

（2）FROM LSN/UNTIL LSN:指定备份的起始/截止的 LSN。

（3）FROM TIME/UNTIL TIME:指定备份的开始/截止的时间点。

（4）BETWEEN ... AND ...:指定备份的区间。指定区间后,只会备份指定区间内的归档文件。

（5）DELETE INPUT:用于指定备份完成之后是否删除归档操作。

归档日志的有效 LSN 范围可以通过 v＄arch_file 查看:

```
SQL>set lineshow off
SQL>select arch_lsn, clsn, path from v＄arch_file;
ARCH_LSN            CLSN                    PATH
- - - - - - - - - - - - - - - - - - - - - - - - - - - - - - - - - -
    52880           62111                   /dm/dmarch/ARCHIVE_LOCAL1_
20191218014226320_0.log
    62111           62267                   /dm/dmarch/ARCHIVE_LOCAL1_
20191218014415639_0.log
    62267           62295                   /dm/dmarch/ARCHIVE_LOCAL1_
20191218015115430_0.log
    62295           62828                   /dm/dmarch/ARCHIVE_LOCAL1_
20191218015240288_0.log
```

备份特定的归档:

```
SQL>backup archivelog lsn between 52880 and 62111 delete input backupset '/
dm/dmbak/arch_bak_01';
SQL>host ls -lrt /dm/dmbak/arch_bak_01
总用量 928
```

```
-rw-rw-r--1 dmdba dinstall 880640 12 月 18 05:39 arch_bak_01.bak
-rw-rw-r--1 dmdba dinstall  66048 12 月 18 05:39 arch_bak_01.meta
```

备份所有归档:

```
SQL>backup archivelog all delete input backupset '/dm/dmbak/arch_bak_02';
SQL>select ARCH_LSN, CLSN, PATH from V$ARCH_FILE;

ARCH_LSN              CLSN                  PATH
------------------------------------------------------------
62835                62837                 /dm/dmarch/ARCHIVE_LOCAL1_
201912218054448318_0.log
```

4.2.3 脱机备份恢复

数据库处于关闭状态时进行的备份操作被称为脱机备份。DM 使用 DMRMAN
(DM recovery manager)工具进行脱机备份,并且支持对异常关闭的数据库进行脱机
库备份。对备份异常关闭的数据库,配置了本地归档,如果本地归档不完整,则需要先
修复本地归档,再进行备份。

脱机还原是指数据库处于关闭状态时执行的还原操作,脱机还原通过 DMRMAN
工具进行。库备份、表空间备份和归档备份,可以执行脱机还原。脱机还原操作的目
标库必须处于关闭状态。在 DM8 中,库还原和表空间还原必须脱机执行。

4.2.3.1 DMRMAN 工具

DMRMAN 是 DM 自带的脱机备份还原管理工具,在 DM_HOME/bin 目录下。
在使用 DMRMAN 工具时需要注意以下 3 个条件。
(1) DmAPService 服务是正常运行的。
(2) 在 DM_HOME/bin 目录下执行 dmrman 命令。
(3) 备份的实例必须处于关闭状态。
如果不满足这 3 个条件,执行会报错。DMRMAN 的使用帮助如下:

```
[dmdba@ dw1 bin]$  dmrman help
dmrman V8.1.0.147-Build(2019.03.27-104581)ENT
格式: ./dmrman  KEYWORD= value
```

```
例程:./dmrman  CTLFILE= /opt/dm7data/dameng/res_ctl.txt
必选参数:
关键字              说明
- - - - - - - - - - - - - - - - - - - - - - - - - - - - - - - - - - - -
CTLFILE            指定执行语句所在的文件路径
CTLSTMT            指定待执行语句
DCR_INI            指定 dmdcr.ini 路径;若未指定且当前目录中 dmdcr.ini 存在,
                   则使用当前目录中的 dmdcr.ini
USE_AP             指定备份、还原执行载体,1/2:DMAP/进程自身,默认是 DMAP
HELP               打印帮助信息
```

DMRMAN 工具支持以如下方式输入命令进行备份。

在 DMRMAN 控制台输入命令:

```
[dmdba@ dw1 bin]$  pwd
/dm/dmdbms/bin
[dmdba@ dw1 bin]$  ./dmrman
dmrman V8.1.0.147-Build(2019.03.27-104581)ENT
RMAN>backup database '/dm/dmdbms/data/cndba/dm.ini' backupset '/dm/dmbak/
dmrman_01';
```

DMRMAN 工具也可以配置环境变量,包括存储介质类型、备份集搜集目录、归档日志搜集目录、跟踪日志文件等。

环境变量的配置语法如下:

```
CONFIGURE |
CONFIGURE CLEAR |
CONFIGURE DEFAULT <sub_conf_stmt>
<sub_conf_stmt>::=
DEVICE [[TYPE<介质类型>[PARMS <第三方参数>]]|CLEAR] |
TRACE [[FILE <跟踪日志文件路径>][TRACE LEVEL <跟踪日志等级>]|CLEAR] |
BACKUPDIR [[ADD|DELETE] '<基备份搜索目录>'{,'<基备份搜索目录>' }|CLEAR] |
ARCHIVEDIR [[ADD|DELETE] '<归档日志目录>'{,'<归档日志目录>'}
{'<归档日志目录>'{,'<归档日志目录>'} |CLEAR]
```

参数说明如下。

(1) CONFIGURE:查看设置的默认值。

(2) CLEAR:清除参数值。

(3) DEVICE TYPE:存储备份集的介质类型,支持 DISK 和 TAPE,默认介质类型为 DISK。

(4) PARMS:介质参数,供第三方存储介质(TAPE)管理使用。

(5) BACKUPDIR:默认搜集备份的目录。

(6) ARCHIVEDIR:默认搜集归档的目录。

(7) ADD:添加默认基备份搜索目录或归档日志目录,若已经存在,则替换原来的。

(8) DELETE:删除指定默认基备份搜索目录或归档日志目录。

进入 DMRMAN 工具:

```
[dmdba@ dw1 bin]$  ./dmrman
dmrman V8.1.0.147-Build(2019.03.27-104581)ENT
```

查看 DMRMAN 配置:

```
RMAN>configure
configure
THE DMRMAN DEFAULT SETTING:
DEFAULT DEVICE:
    MEDIA : DISK
DEFAULT TRACE :
    FILE  :
    LEVEL : 1
DEFAULT BACKUP DIRECTORY:
    TOTAL COUNT   :0
DEFAULT ARCHIVE DIRECTORY:
    TOTAL COUNT   :0
time used: 0.256(ms)
```

设置默认的备份目录:

```
RMAN>configure default backupdir '/dm/dmbak';
configure default backupdir '/dm/dmbak';
configure default backupdir update successfully!
DEFAULT BACKUP DIRECTORY:
    TOTAL COUNT   :1
    /dm/dmbak
time used: 0.601(ms)
```

添加备份目录：

```
RMAN>configure default backupdir add '/dm/dmbak2';
configure default backupdir add '/dm/dmbak2';
configure default backupdir add successfully!
DEFAULT BACKUP DIRECTORY:
    TOTAL COUNT  :2
    /dm/dmbak
    /dm/dmbak2
time used: 0.209(ms)
```

删除备份目录：

```
RMAN>configure default backupdir delete '/dm/dmbak2';
configure default backupdir delete '/dm/dmbak2';
configure default backupdir delete successfully!
DEFAULT BACKUP DIRECTORY:
    TOTAL COUNT  :1
    /dm/dmbak
time used: 0.116(ms)
```

添加归档目录：

```
RMAN>configure default archivedir '/dm/dmarch';
configure default archivedir '/dm/dmarch';
configure default archivedir update successfully!
DEFAULT ARCHIVE DIRECTORY:
    TOTAL COUNT  :1
        /dm/dmarch
time used: 0.097(ms)
```

清除单项配置值：

```
RMAN>configure default device clear;
configure default device clear;
configure default device clear successfully!
time used: 0.078(ms)
```

清除所有配置值：

```
RMAN>configure clear
configure clear
configure default device clear successfully!
configure default trace clear successfully!
configure default backupdir clear successfully!
configure default archivedir clear successfully!
time used: 0.100(ms)
```

4.2.3.2　数据库备份

DMRMAN 是脱机备份还原管理工具，在执行备份之前，必须关闭实例。
DMRMAN 备份数据库的语法如下：

```
BACKUP DATABASE '< INI 文件路径 >' [[[FULL][DDL_CLONE]] | INCREMENT
[CUMULATIVE][WITH BACKUPDIR '<基备份搜索目录>'{,'<基备份搜索目录>'}]|[BASE ON
BACKUPSET '<基备份集目录>']]
    [TO <备份名>][BACKUPSET '<备份集目录>'][DEVICE TYPE <介质类型>[PARMS '<介
质参数>']
    [BACKUPINFO '<备份描述>'][MAXPIECESIZE <备份片限制大小>]
    [IDENTIFIED BY <加密密码>[WITH ENCRYPTION<TYPE>][ENCRYPT WITH <加密算
法>]]
    [COMPRESSED[LEVEL <压缩级别>]][WITHOUT LOG]
    [TASK THREAD <线程数>][PARALLEL [<并行数>]];
```

上述语法和联机备份的类似，这里只描述一个参数 DATABASE 后面的'<INI
文件路径 >'。因为联机备份是在 DISQL 工具中执行的，在执行之前已经确认了实
例信息，而 DMRMAN 是脱机备份还原管理工具，所以在 DATABASE 选项之后必须
加上 dm.ini 参数的绝对路径，以确定备份的数据库。其他参数说明可以参考联机物
理备份还原实战部分。

示例 1　完全备份数据库：

```
RMAN>backup database '/dm/dmdbms/data/cndba/dm.ini' full backupset '/dm/
dmbak/cndba_full_bak_01';
```

示例 2　增量备份数据库：

```
RMAN > backup database '/dm/dmdbms/data/cndba/dm.ini ' increment with
backupdir '/dm/dmbak' backupset '/dm/dmbak/cndba_increment_bak_01';
```

注意:增量备份和完全备份之间必须有事务操作,否则备份会报错。

4.2.3.3　数据库还原恢复

1. 数据库还原恢复介绍

数据库还原是指根据库备份集中记录的文件信息重新创建数据库文件,并将数据页重新复制到目标数据库的过程。此阶段包含 3 个动作:还原(RESTORE)、恢复(RECOVER)、数据库更新(UPDATE DB_MAGIC)。

RESTORE 命令从备份集中还原对象(配置文件和数据文件等),备份集可以是脱机库级备份集,也可以是联机库级备份集。还原语法如下:

```
RESTORE DATABASE <restore_type> FROM BACKUPSET '<备份集目录>'
[DEVICE TYPE DISK|TAPE[PARMS '<介质参数>']]
[IDENTIFIED BY <密码>[ENCRYPT WITH <加密算法>]]
[WITH BACKUPDIR '<基备份集搜索目录>'{,'<基备份集搜索目录>'}]
[MAPPED FILE '<映射文件>'][TASK THREAD <任务线程数>][NOT PARALLEL]
[RENAME TO '<数据库名>']; <restore_type>::= <type1>|<type2>
<type1>::= '<INI 文件路径>'[REUSE DMINI][OVERWRITE]
<type2>::=  TO '<system_dbf 所在路径>'[OVERWRITE]
```

参数说明如下。

DATABASE:指定还原库目标的 dm.ini 文件路径。

BACKUPSET:指定用于还原目标数据库的备份集目录。若指定为相对路径,会在默认备份目录下搜索备份集。

DEVICE TYPE:指定存储备份集的介质类型,支持 DISK 和 TAPE,默认介质类型为 DISK。

PARMS:表示介质参数,供第三方存储介质(TAPE)管理使用。

IDENTIFIED BY:指定备份时使用的加密密码,供还原过程解密使用。

ENCRYPT WITH:指定备份时使用的加密算法,供还原过程解密使用,若未指定,则使用默认算法。

WITH BACKUPDIR:指定基备份集搜索目录。

MAPPED FILE:指定存放还原目标路径的文件。

TASK THREAD:指定还原过程中用于处理解压缩和解密任务的线程个数。若未指定,则默认为 4;若指定为 0,则调整为 1;若指定超过当前系统主机核数,则调整为主机核数。

RENAME TO:指定还原数据库后是否更改库的名称,指定时将还原后的库改为指定的数据库名,默认使用备份集中的 db_name 作为还原后库的名称。

OVERWRITE:还原数据库时,若存在重名的数据文件,指定是否覆盖重建,不指定时默认报错。

RECOVER 命令是在 RESTORE 之后继续完成数据库恢复工作。RECOVER 命令可以基于备份集,也可以基于本地的归档日志,主要利用日志来恢复数据的一致性。

数据库恢复有两种方式:

(1)从备份集恢复,即重做备份集中的 REDO 日志;

(2)从归档恢复,即重做归档中的 REDO 日志。

基于归档日志的 RECOVER 命令语法如下:

```
RECOVER DATABASE '<INI 文件路径>' WITH ARCHIVEDIR '<归档日志目录>'{,'<归档
日志目录>'}
    [USE DB_MAGIC <db_magic>][UNTIL TIME '<时间串>'][UNTIL LSN <LSN>];
```

基于备份集的 RECOVER 命令语法如下:

```
RECOVER DATABASE '<INI 文件路径>' FROM BACKUPSET '<备份集目录>'[DEVICE
TYPE DISK|TAPE[PARMS '<介质参数>']][IDENTIFIED BY <密码>][ENCRYPT WITH <加密算法
>]];
```

这里注意以下两个参数。

(1)WITH ARCHIVEDIR:指定本地归档日志搜索目录,若未指定,则仅使用目标库配置本地归档目录,DSC 环境还会取 REMOTE 归档目录。

(2)USE DB_MAGIC:指定本地归档日志对应数据库的 DB_MAGIC,若不指定,则默认使用目标恢复数据库的 DB_MAGIC。DB_MAGIC 是一个唯一值,每个实例都不一样。

数据库更新(UPDATE DB_MAGIC)也是利用 RECOVER 命令实现的。在数据库执行 RECOVER 命令后,需要执行更新操作(UPDATE MAGIC),数据库调整为可正常工作的库才算完成。如果数据库在执行完 RESTORE 之后就已经处于一致性的状态(如脱机备份的恢复),可以不用执行 RECOVER 操作,直接执行 UPDATE DB_MAGIC 操作。

数据库更新的语法如下:

```
RMAN>RECOVER DATABASE '<INI 文件路径>' UPDATE DB_MAGIC;
```

2. 从备份集还原恢复

在数据库比较大,或者事务比较多的情况下,备份过程中生成的日志也会存储到备份集中,如联机备份(SQL 语句备份),在这种情况下,执行数据库还原操作后,还需要重做备份集中备份的日志,以将数据库恢复到备份时的一致状态,即从备份集恢复。

(1)SQL 联机备份数据库:

```
SQL>backup database backupset '/dm/dmbak/db_full_bak_01';
```

(2)停止实例:

```
[dmdba@ dw1 dmarch]$  service DmServiceDAMENG stop
Stopping DmServiceDAMENG:
```

(3)还原数据库:

```
RMAN>restore database '/dm/dmdbms/data/DAMENG/dm.ini' from backupset
'/dm/dmbak/db_full_bak_01';
```

(4)从备份集恢复数据库:

```
RMAN>recover database '/dm/dmdbms/data/DAMENG/dm.ini' from backupset
'/dm/dmbak/db_full_bak_01';
```

(5)更新数据库:

```
RMAN>recover database '/dm/dmdbms/data/DAMENG/dm.ini' update db_magic;
```

如果没有进行 RECOVER 而直接进行 UPDATE DB_MAGIC,在条件不满足的情况下,数据库系统会报如下错误:

```
RMAN>recover database '/dm/dmdbms/data/DAMENG/dm.ini' update db_magic;
recover database '/dm/dmdbms/data/DAMENG/dm.ini' update db_magic;
```

```
EP[0] max_lsn: 80445
EP[0]'s begin_lsn[80445] <end_lsn[83330]
```
[- 8308]:需要先执行 RECOVER DATABASE 操作,再执行 RECOVER DATABASE UPDATE DB_MAGIC 操作

4.2.3.4　表空间还原

在 DMRMAN 中也可以利用 RESTORE 命令进行表空间的脱机还原和恢复,这里的备份集可以是联机的,也可以是脱机的。如果是脱机备份,不需要单独对表空间进行备份,可以直接利用数据库的脱机备份集来进行表空间的恢复。并且不需要将表空间设置为 OFFLINE 状态,也可以对 SYSTEM 和 ROLL 表空间进行还原。

由于表空间的数据库对象等字典信息保存在数据库的 SYSTEM 表空间中,为保证还原后表空间与当前库保持一致状态,缺省会基于当前日志将表空间数据恢复到最新状态。RESTORE 的语法如下:

```
RESTORE DATABASE '<INI 文件路径>' TABLESPACE <表空间名>
[DATAFILE<<文件编号>{,<文件编号>} | '<文件路径>' {,'<文件路径>'}>]
FROM BACKUPSET '<备份集目录>' [DEVICE TYPE DISK|TAPE[PARMS '<介质参数>']]
[IDENTIFIED BY <密码>[ENCRYPT WITH <加密算法>]]
[WITH BACKUPDIR '<基备份集搜索目录>'{,'<基备份集搜索目录>'}]
[<with_archdir_lst_stmt>]
[MAPPED FILE '<映射文件>'][TASK THREAD <任务线程数>][NOT PARALLEL]
[UNTIL TIME '<时间串>'] [UNTIL LSN <LSN>]; <with_archdir_lst_stmt>::=
WITH ARCHIVEDIR '<归档日志目录>'{,'<归档日志目录>'}
```

查看表空间和数据文件信息:

```
SQL>set lineshow off
SQL>select a.name,b.id,b.path from v$tablespace a, v$datafile b where a.id = b.group_id;
NAME      ID        PATH
----------------------------------------------------------
SYSTEM    0         /dm/dmdbms/data/DAMENG/SYSTEM.DBF
DAVE      1         /dm/dmdbms/data/DAMENG/CNDBA01.DBF
DAVE      0         /dm/dmdbms/data/DAMENG/CNDBA.DBF
DMHR      0         /dm/dmdbms/data/DAMENG/DMHR.DBF
```

```
BOOKSHOP 0          /dm/dmdbms/data/DAMENG/BOOKSHOP.DBF
MAIN     0          /dm/dmdbms/data/DAMENG/MAIN.DBF
TEMP     0          /dm/dmdbms/data/DAMENG/TEMP.DBF
ROLL     0          /dm/dmdbms/data/DAMENG/ROLL.DBF
8 rows got
```

（1）联机备份表空间 TEST：

```
SQL>backup tablespace TEST backupset '/dm/dmbak/test_bak_02';
```

（2）停库：

```
[dmdba@ dw1 dmarch]$  service DmServiceDAMENG stop
```

（3）物理删除数据文件：

```
[dmdba@ dw1 data]$  mv /dm/dmdbms/data/DAMENG/CNDBA01.DBF /dm/dmdbms/data/
DAMENG/CNDBA01.DBF.bak
[dmdba@ dw1 data]$  ll /dm/dmdbms/data/DAMENG/CNDBA01.DBF
ls: 无法访问/dm/dmdbms/data/cndba/CNDBA01.DBF: 没有那个文件或目录
[dmdba@ dw1 data]$
```

（4）还原表空间（使用 DMRMAN 工具）：

```
RMAN>restore database '/dm/dmdbms/data/DAMENG/dm.ini' tablespace dave from
backupset '/dm/dmbak/ts_dave_bak_02';

[dmdba@ dw1 data]$  ll /dm/dmdbms/data/DAMENG/CNDBA01.DBF
-rw-rw-r--1 dmdba dmdba 134217728 12 月 19 15:23 /dm/dmdbms/data/DAMENG/
CNDBA01.DBF
[dmdba@ dw1 data]$
```

（5）删除这个数据文件：

```
[dmdba@ dw1 dmarch]$  rm -rf  /dm/dmdbms/data/DAMENG/CNDBA01.DBF
```

（6）直接恢复数据文件，之前查询该数据文件对应编号是 1，所以还原如下：

```
RMAN > restore database '/dm/dmdbms/data/DAMENG/dm. ini ' tablespace dave
datafile 1 from backupset '/dm/dmbak/ts_dave_bak_02';
```

```
[dmdba@ dw1 data]$  ll /dm/dmdbms/data/DAMENG/CNDBA01.DBF
- rw- rw- r- - 1 dmdba dmdba 134217728 12 月 19 15:25 /dm/dmdbms/data/cndba/
CNDBA01.DBF
```

(7) 起库,查看数据和表空间信息:

```
[dmdba@ dw1 dmarch]$  service DmServiceDAMENG start

SQL>select name,status$  from v$tablespace;
行号      NAME       STATUS$
- - - - - - - - - - - - - - - - - - - - - - - - - - -
1         SYSTEM     0
2         ROLL       0
3         TEMP       0
4         MAIN       0
5         BOOKSHOP 0
6         DMHR       0
7         DAVE       0
7 rows got
```

4.2.4   逻辑备份还原

逻辑备份和还原使用 dexp 和 dimp 命令来执行,这两个命令在 $DM_HOME/
bin 目录下,必须在实例打开状态下执行。

逻辑导出导入有以下四种级别。

(1) 数据库级(FULL):导出或导入整个数据库中的所有对象。

(2) 用户级(OWNER):导出或导入一个或多个用户所拥有的所有对象。

(3) 模式级(SCHEMAS):导出或导入一个或多个模式下的所有对象。

(4) 表级(TABLE):导出或导入一个或多个指定的表或表分区。

dexp 和 dimp 的选项参数较多,具体可以查看命令的帮助,如下:

```
[dmdba@ dw1 ~ ]$  dexp help
[dmdba@ dw1 ~ ]$  dimp help
```

4.2.4.1　全库导出导入示例

1. 全库导出

（1）示例语法如下：

```
dexp SYSDBA/SYSDBA file = full_% U.dmp log = full_% U.log directory = /dm/
dmbak full= y parallel= 4 filesize= 128M
    dexp SYSDBA/SYSDBA@ 192.168.74.100:5236 file = full_% U.dmp log = full_%
U.log directory = /dm/dmbak full = y parallel = 4 filesize = 128M
```

以上两种 dexp 语句的区别体现在连接数据库上，如果是连接默认的实例，则使用第一种方式，如果是连接非默认的实例，则必须加上 IP 和端口。另外指定使用 4 个线程进行并发处理。通过 filesize 选项控制单个文件的大小。注意，在使用 filesize 参数时，对应的 file 和 log 参数必须使用％U 对名称进行自动扩展，filesize 最小为128 MB。

```
[dmdba@ dw1 ~ ]$  dexp SYSDBA/SYSDBA file = full_% U.dmp log = full_% U.log
directory = /dm/dmbak full = y parallel = 4 filesize = 128M
    dexp V8.1.0.147-Build(2019.03.27- 104581)ENT
    导出第 1 个 SYSPACKAGE_DEF: SYSTEM_PACKAGES
    导出第 2 个 SYSPACKAGE_DEF: SYS_VIEW
    ……
```

（2）查看逻辑导出 dump 文件：

```
[dmdba@ dw1 ~ ]$  ll - lh /dm/dmbak/full*
-rw-rw-r--1 dmdba dmdba 133K 12 月 18 04:22 /dm/dmbak/full_01.dmp
-rw-rw-r--1 dmdba dmdba  15K 12 月 18 04:22 /dm/dmbak/full_01.log
[dmdba@ dw1 ~ ]$
```

（3）删除用户：

```
SQL> select TABLE_NAME from all_tables where owner= 'DMHR';
行号      TABLE_NAME
```

```
- - - - - - - - - -   - - - - - - - - - -
1          REGION
2          CITY
3          LOCATION
4          DEPARTMENT
5          JOB
6          EMPLOYEE
7          JOB_HISTORY
7 rows got
```
已用时间: 170.894(毫秒). 执行号:3137.
```
SQL>drop user dmhr cascade;
```
操作已执行
已用时间: 00:00:01.061. 执行号:3138.
```
SQL>select TABLE_NAME from all_tables where owner = 'DMHR';
```
未选定行
已用时间: 00:00:01.277. 执行号:3139.
```
SQL>
```

2. 全库导入

示例语法如下:

```
[dmdba@ dw1 ~ ]$   dimp userid = SYSDBA/SYSDBA file = full_01.dmp log =
full.log directory = /dm/dmbak full = y parallel= 4
dimp V8.1.0.147-Build(2019.03.27- 104581)ENT
```
导入 GLOBAL 对象……
导入 SYSPACKAGES_DEF 对象……
导入 SYSPACKAGES_DEF 对象……
……

3. 验证对象

示例语法如下:

```
SQL>select TABLE_NAME from all_tables where owner = 'DMHR';
```

```
行号      TABLE_NAME
- - - - - - - - - - - - - - - - - - - -
1         LOCATION
2         CITY
3         REGION
4         DEPARTMENT
5         JOB_HISTORY
6         EMPLOYEE
7         JOB
7 rows got
已用时间：00:00:01.276. 执行号:3237.
SQL>
```

说明：上面的相关命令，需要先把"＄达梦安装目录/bin"配置到 PATH 和 LIBRARY_PATH 中。

4.2.4.2　用户级导出导入示例

1. 导出用户

示例语法如下：

```
[dmdba @ dw1 ~ ] $ dexp SYSDBA/SYSDBA file = dmhr.dmp log = dmhr.log
directory= /dm/dmbak owner = dmhr parallel = 4
dexp V8.1.0.147-Build(2019.03.27-104581)ENT
正在导出 第 1 个 SCHEMA :DMHR
开始导出模式[DMHR].....
- - - - - 共导出 0 个 SEQUENCE - - - - -
- - - - - 共导出 0 个 VIEW - - - - -
- - - - - 共导出 0 个 TRIGGER - - - - - -
......
```

2. 删除用户

示例语法如下：

```
SQL>drop user dmhr cascade;
操作已执行
已用时间：602.718(毫秒). 执行号:3385.
SQL>
```

3. 导入原用户

（1）创建空用户：

```
SQL>create user dmhr identified by cndba0556;
操作已执行
已用时间：166.426(毫秒). 执行号:3396.
SQL>grant public,resource to dmhr;
操作已执行
已用时间：71.922(毫秒). 执行号:3397.
SQL>
```

（2）导入原用户：

```
[dmdba@ dw1 ~ ]$ dimp USERID = SYSDBA/SYSDBA file = dmhr.dmp log = dmhr2.
log directory = /dm/dmbak owner= dmhr
dimp V8.1.0.147-Build(2019.03.27-104581)ENT
开始导入模式[DMHR]……
导入模式中的 NECESSARY GLOBAL 对象……
模式中的 NECESSARY GLOBAL 对象导入完成……
……
```

（3）验证：

```
SQL>select TABLE_NAME from all_tables where owner = 'DMHR';
行号      TABLE_NAME
- - - - - - - - - - - - - - - - - - - -
1        LOCATION
2        CITY
3        REGION
4        DEPARTMENT
```

```
5            JOB_HISTORY
6            EMPLOYEE
7            JOB
7 rows got
```
已用时间：899.113(毫秒). 执行号:3455.

4. 导入其他用户

在导入时指定 remap_schema 选项可以导入其他模式。注意,选项中的用户名要用大写,否则会导入原来的用户中。

（1）创建空用户 CNDBA：

```
SQL>   create user cndba identified by cndba0556;
操作已执行
已用时间：299.789(毫秒). 执行号:3456.
SQL>grant public,resource to cndba;
操作已执行
已用时间：29.037(毫秒). 执行号:3457.
SQL>
```

（2）导入其他用户：

```
[dmdba@ dw1 ~ ]$  dimp USERID = SYSDBA/SYSDBA file = dmhr.dmp log = dmhr3.
log directory = /dm/dmbak remap_schema = DMHR:CNDBA
dimp V8.1.0.147-Build(2019.03.27-104581)ENT
开始导入模式[DMHR]......
导入模式中的 NECESSARY GLOBAL 对象……
模式中的 NECESSARY GLOBAL 对象导入完成……
……
```

（3）验证：

```
SQL>select TABLE_NAME from all_tables where owner = 'CNDBA';
行号      TABLE_NAME
- - - - - - - - - - - - - - - - - - - - - -
1         LOCATION
```

```
2          CITY
3          REGION
4          DEPARTMENT
5          JOB_HISTORY
6          EMPLOYEE
7          JOB
7 rows got
```

已用时间：825.391(毫秒)．执行号：3527．

4.2.4.3 模式级导出导入示例

模式是一个用户拥有的所有数据库对象的集合，每个用户都有自己默认的模式，用户默认的模式名和用户名相同。一般情况下，OWNER 与 SCHEMAS 导入导出是相同的。但用户可以包含多个模式，在这种情况下 SCHEMAS 的导入导出是 OWNER 导入导出的一个子集。

（1）查询用户和模式的对应关系：

```
SQL>set lineshow off
SQL>select a.name as user_name,b.name as sch_name from sysobjects a inner
join sysobjects b on a.id=b.pid where b.subtype$ is null order by 1 desc;
USER_NAME   SCH_NAME
- - - - - - - - - - - - - - - - - - - -

SYSSSO       SYSSSO
SYSDBA       RESOURCES
SYSDBA       SYSDBA
SYSDBA       PURCHASING
SYSDBA       SALES
SYSDBA       OTHER
SYSDBA       PERSON
SYSDBA       PRODUCTION
SYSAUDITOR   SYSAUDITOR
SYS          CTISYS
SYS          SYS
DMHR         DMHR
CNDBA        DAVE
CNDBA        CNDBA
```

```
14 rows got
已用时间：14.848(毫秒)．执行号：3658．
SQL>
```

（2）导出模式：

```
［dmdba @ dw1 ~ ］$　dexp SYSDBA/SYSDBA file = sales.dmp log = sales.log
directory = /dm/dmbak schemas = SALES
    dexp V8.1.0.147-Build(2019.03.27-104581)ENT
    正在导出 第 1 个 SCHEMA :SALES
    开始导出模式［SALES］.....
    - - - - - 共导出 0 个 SEQUENCE - - - - -
    ......
```

（3）导入模式。

①导入原模式：

```
［dmdba @ dw1 ~ ］$ dimp SYSDBA/SYSDBA file = sales.dmp log = sales2.log
directory = /dm/dmbak schemas = SALES table_exists_action = replace
```

②导入其他模式，模式名要大写：

```
［dmdba @ dw1 ~ ］$　dimp SYSDBA/SYSDBA file = sales.dmp log = sales3.log
directory = /dm/dmbak remap_schema = SALES:DAVE
```

③TEST 模式是一个空模式，在导入之前是没有其他对象的，查询验证：

```
SQL>select owner,count(1) from dba_objects where owner in ('TEST','SALES')
group by owner;
OWNER COUNT(1)
- - - - - - - - - - - - - - - - - - - - - - - - - -
TEST  26
SALES 26
```

4.2.4.4　表级导出导入示例

（1）导出表。

①DMHR 的 2 张表：

```
［dmdba@ dw1 ~ ］$  dexp SYSDBA/SYSDBA file = tables.dmp log = tables.log
directory = /dm/dmbak tables = DMHR.city,DMHR.job  parallel= 4
```

②删除这 2 张表：

```
SQL>drop table dmhr.city cascade;
SQL>drop table dmhr.job cascade;
```

（2）将表导入原用户下：

```
［dmdba@ dw1 ~ ］$  dimp SYSDBA/SYSDBA file = tables.dmp log = tables2.log
directory = /dm/dmbak tables = DMHR.city,DMHR.job
```

（3）验证：

```
SQL>select count(1) from dmhr.job;
COUNT(1)
- - - - - - - - - - - - - - - - - - -
16
```

（4）将表导入其他用户下：

```
［dmdba@ dw1 ~ ］$  dimp SYSDBA/SYSDBA file = tables.dmp log = tables3.log
directory = /dm/dmbak tables = DMHR.city,DMHR.job remap_schema = DMHR:TEST
```

（5）验证：

```
SQL>select count(1) from TEST.job;
COUNT(1)
- - - - - - - - - - - - - - - - - - -
16
```

4.2.4.5 在 DM Manager 中使用导出导入

除了 dexp 和 dimp 的命令行操作方式以外，也可以在 DM Manager 中进行导出导入。导出导入有 4 种类型,只需要在对应级别进行操作即可。

例如,导出表时,直接在对应的表上右击,选择"导出",然后输入相应信息即可,如图 4-4 所示。导入时在上一级的表上右击,选择"导入",其他操作类似,这里不再描述。

图 4-4　利用 dexp 导出表数据

利用 dimp 导入表数据,如图 4-5 所示。

图 4-5　利用 dimp 导入表数据

4.2.5 备份集管理

4.2.5.1 备份集查看

(1) 在 DMRMAN 中可以通过 SHOW 命令来查看备份集的相关信息, SHOW 命令的使用语法如下:

```
SHOW BACKUPSET '<备份集目录 >'[<device_type_stmt>][RECURSIVE][<database_
bakdir_lst_stmt>][<info_type_stmt>][<to_file_stmt>];

SHOW BACKUPSETS [<device_type_stmt>] <database_bakdir_lst_stmt>[<info_
type_stmt>][<use_db_magic_stmt>][<to_file_stmt>];
<database_bakdir_lst_stmt>::= DATABASE '<INI_PATH>' |
WITH BACKUPDIR '<备份集搜索目录>'{,'<备份集搜索目录>'} |
DATABASE '<INI_PATH>' WITH BACKUPDIR '<备份集搜索目录>'{,'<备份集搜索目录
>'}
<device_type_stmt>::= DEVICE TYPE DISK|TAPE [PARMS '<介质参数>']
<info_type_stmt>::= INFO DB[,META][,FILE][,TABLE]
<use_db_magic_stmt>::= USE DB_MAGIC <db_magic>
<to_file_stmt>::= TO '<输出文件路径>'[FORMAT TXT | FORMAT XML]
```

(2) SHOW BACKUPSET: 查看特定备份集的信息, 每次只能显示一个备份集。其使用语法如下:

```
RMAN>show backupset '/dm/dmbak/ts_dave_bak_02';
show backupset '/dm/dmbak/ts_dave_bak_02';
total 0 packages processed...
<backupset [DEVICE TYPE:DISK, BACKUP_PATH: /dm/dmbak/ts_dave_bak_02] info
start ..........>
<DB INFO>
system path:        /dm/dmdbms/data/cndba
db magic:           1616081348
permanent magic:    760667157
dsc node:           1
......
```

(3) SHOW BACKUPSETS: 批量显示指定搜索目录下的备份集信息。不同的

备份集可以在 with backupdir 参数中指定。其使用语法如下：

```
RMAN>show backupsets with backupdir '/dm/dmbak', '/dm/dmbak/db_full_01';
```

（4）SHOW BACKUPSETS... USE DB_MAGIC：查看特定数据库的所有备份集。其使用语法如下：

```
RMAN>show backupsets with backupdir '/dm/dmbak' use db_magic 1616081348;
show backupsets with backupdir '/dm/dmbak' use db_magic 1616081348;
total 0 packages processed...
CMD END.CODE:[0]
<backupset of DB_MAGIC [1616081348] GROUP list start .........>
<backupset [DEVICE TYPE:DISK, BACKUP_PATH: /dm/dmbak/ts_dave_bak_02] info
start .........>


<DB INFO>
system path:            /dm/dmdbms/data/cndba
db magic:               1616081348
permanent magic:        760667157
dsc node:               1
page check:             0
```

（5）SHOW BACKUPSET... INFO META：查看备份集的元数据信息。其使用语法如下：

```
RMAN>show backupset '/dm/dmbak/ts_dave_bak_02' info meta;
show backupset '/dm/dmbak/ts_dave_bak_02' info meta;
total 0 packages processed...
<backupset [DEVICE TYPE:DISK, BACKUP_PATH: /dm/dmbak/ts_dave_bak_02] info
start .........>
<META INFO>
backupset sig:          BA
backupset version:      4009
database name:          cndba
backup name:            TS_FULL_DAVE_20191219_152158_000426
backupset description:
backupset ID :          1780499288
parent backupset ID:    4294967295
```

```
META file size :        66048
compressed level:       0
encrypt type:           0
parallel num:           1
backup range:           tablespace
backup tsid:            7
backup tsname:          DAVE
backup level:           online
backup type:            full
without log:            FALSE
START_LSN:              83331
START_SEQ:              0
END_LSN:                88477
END_SEQ:                1108
......
```

(6) SHOW BACKUPSET...TO 'file_path' FORMAT XML :以 xml 格式输出备份信息到文件,不加 format xml 则保存为 txt 格式。其使用语法如下:

```
RMAN > show backupset '/dm/dmbak/ts _ dave _ bak _ 02 ' to '/tmp/cndba.txt '
format xml;
show backupset '/dm/dmbak/ts_dave_bak_02' to '/tmp/cndba.txt' format xml;
total 0 packages processed...
< ? xml version= "1.0" encoding= "UTF-8"? >
<backupsets>
  <group id= "4294967295">
    <backupset id= "1780499288">
    <backup_path>/dm/dmbak/ts_dave_bak_02</backup_path>
    <device_type>DISK</device_type>
    <metadata>
```

4.2.5.2 备份集校验

在 DMRMAN 中使用 CHECK 目录可以校验备份集的有效性。

(1) CHECK BACKUPSET 语法如下:

```
CHECK BACKUPSET '<备份集目录>'［DEVICE TYPE<介质类型>［PARMS '<介质参数>']]]
［DATABASE '<INI_PATH>']
```

（2）校验 ts_dave_bak_02 备份集：

```
RMAN> check backupset '/dm/dmbak/ts_dave_bak_02';
check backupset '/dm/dmbak/ts_dave_bak_02';
total 0 packages processed...
CMD END.CODE:［0]
check backupset successfully.
time used: 9.546(ms)
RMAN>
```

4.2.5.3　备份集删除

（1）在 DMRMAN 中可以使用 REMOVE 删除备份集。REMOVE 语法如下：

```
REMOVE BACKUPSET '<备份集目录>'
［DEVICE TYPE<介质类型 >［PARMS '<介质参数 >']]]［<database_bakdir_lst_stmt>]
［CASCADE];

REMOVE [DATABASE | TABLESPACE[<ts_name>] | TABLE "<schema_name>"."<tab_
name>" | ARCHIVELOG|ARCHIVE LOG] BACKUPSETS [<device_type_stmt>]<database_
bakdir_lst_stmt>
    {[UNTIL TIME '<截止时间串>'] |[BEFORE n]}
    <device_type_stmt>::=  DEVICE TYPE<介质类型>［PARMS '<介质参数>']
    <database_bakdir_lst_stmt>::=  DATABASE '<INI_PATH>' |
WITH BACKUPDIR '<备份集搜索目录>' {,'<备份集搜索目录>'} |
DATABASE '<INI_PATH>' WITH BACKUPDIR '<备份集搜索目录>' {,'<备份集搜索目录
>'}
```

（2）REMOVE BACKUPSET....：删除特定的备份集。语法如下：

```
RMAN> remove backupset '/dm/dmbak/ts_dave_bak_02';
remove backupset '/dm/dmbak/ts_dave_bak_02';
```

```
total 0 packages processed...
CMD END.CODE:[0]
remove backupset successfully.
time used: 64.967(ms)
RMAN>
```

（3）REMOVE BACKUPSETS...：批量删除所有备份集。语法如下：

```
RMAN>remove tablespace backupsets with backupdir '/dm/dmbak';
remove tablespace backupsets with backupdir '/dm/dmbak';
total 0 packages processed...
CMD END.CODE:[-10000],DESC:[备份恢复时 MML 层出错(-10000)]
total 0 packages processed...
CMD END.CODE:[0]
remove backupset successfully.
time used: 1076.653(ms)
RMAN>
```

这里可以选择删除的备份类型：库备份、表空间备份、表备份及归档备份。若不指定，则全部删除。

（4）REMOVE BACKUPSETS...UNTIL TIME：批量删除指定时间之前的备份集。语法如下：

```
RMAN>remove backupsets with backupdir '/dm/dmbak' until time'2019-12-01 00:00:00';
remove backupsets with backupdir '/dm/dmbak' until time '2019-12-01 00:00:00';
total 0 packages processed...
CMD END.CODE:[-10000],DESC:[备份恢复时 MML 层出错(-10000)]
total 0 packages processed...
CMD END.CODE:[0]
remove backupset successfully.
time used: 1032.409(ms)
RMAN>
```

4.2.5.4　在 DM Manager 中使用联机备份

联机备份也可以在 DM Manager 工具中进行。DM Manager 连接 DM 实例之后，在左侧备份恢复模块根据需要进行操作，如图 4-6 所示。

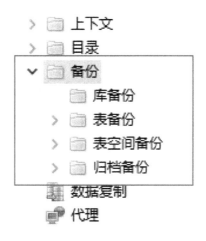

图 4-6　备份类型

例如，要进行库备份，在"库备份"选项上右击，新建备份，然后输入相关信息即可，如图 4-7 所示。

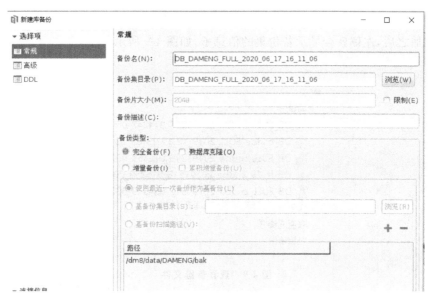

图 4-7　库备份

这里需要注意一点,DM Manager 工具默认只显示默认备份路径下的备份集。我们刚才创建的备份集在添加工作目录后才会显示。与命令行操作一样,该操作也只对当前会话生效。在备份上刷新后就需要重新指定。

在"库备份"选项上右击,选择"指定工作目录",然后添加备份工作目录即可,如图 4-8 所示。

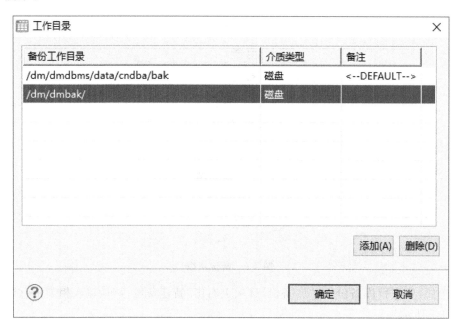

图 4-8 指定备份工作路径

添加之后,左侧就会显示备份集的信息了,如图 4-9 所示。

图 4-9 查看备份文件

4.3　任务实现

4.3.1　开启达梦数据库归档模式

达梦数据库包含以下几种状态。

（1）配置状态（MOUNT）：不允许访问数据库对象，只能进行控制文件维护、归档配置、数据库模式修改等操作；

（2）打开状态（OPEN）：不能进行控制文件维护、归档配置等操作，可以访问数据库对象，对外提供正常的数据库服务；

（3）关闭状态（SHUTDOWN）：数据库实例处于关闭状态，无法连接该数据库实列。

1）使用 SQL 语句开启归档模式

（1）将数据库切换成 mount 状态：

```
SQL>alter database mount;
操作已执行
已用时间: 00:00:01.973. 执行号:0.
```

（2）配置数据库归档，归档类型 type 为 local，本地归档。归档文件地址 dest 为 /dm/dmarch。归档文件 file_size 大小为 128 MB。空间大小限制 space_limit 为 0，即为不限制：

```
SQL>alter database add archivelog 'dest=/dm/dmarch,type=local,file_size=
128,space_limit=0';
操作已执行
已用时间: 252.097(毫秒). 执行号:0.
```

（3）启用归档：

```
SQL>alter database archivelog;
操作已执行
已用时间: 252.519(毫秒). 执行号:0.
```

（4）打开数据库：

```
SQL>alter database open;
操作已执行
已用时间：00:00:02.543.执行号:0.
```

（5）查看归档信息：

```
SQL>select arch_mode from v$database;
行号      ARCH_MODE
- - - - - - - - - - - - - - - - - - -
1       Y
已用时间：29.022(毫秒).执行号:2271.
SQL>select arch_name,arch_type,arch_dest,arch_file_size from v$dm_arch_ini;
行号      ARCH_NAME       ARCH_TYPE ARCH_DEST ARCH_FILE_SIZE
- - - - - - - - - - - - - - - - - - - - - - - - - - - - - - - -
1       ARCHIVE_LOCAL1 LOCAL       /dm/dmarch 128
已用时间：133.710(毫秒).执行号:2272.
```

（6）如果想取消归档模式，执行如下命令：

```
SQL>alter database mount;
SQL>alter database noarchivelog;
```

2）图形界面启用归档模式

在 DM 管理工具中也可以启用归档。鼠标移到在 DM 管理工具左侧的实例连接上，单击右键，打开管理服务器进行操作。

（1）进入 DM 管理工具：

```
[dmdba@ dw1 tool]$  pwd
/dm/dmdbms/data/DAMENG/tool
[dmdba@ dw1 tool]$ ./manager
```

DM 管理工具如图 4-10 所示。

（2）将实例状态修改为"配置"状态，如图 4-11 所示。

（3）配置数据库归档，归档类型为 LOCAL，本地归档。归档文件地址为/dm/dmarch。归档文件大小为 128 MB。空间大小限制为 0，即为不限制，如图 4-12 所示。

图 4-10 DM 管理工具

图 4-11 将实例状态修改为"配置"状态

图 4-12 配置本地归档

（4）在系统管理中，打开数据库，完成归档模式切换，如图 4-13 所示。

图 4-13　将实例状态修改为"打开"状态

（5）查询数据库归档状态，如图 4-14 所示，ARCH_MODE 状态为"Y"，即为当前数据库 DM02 为归档状态。

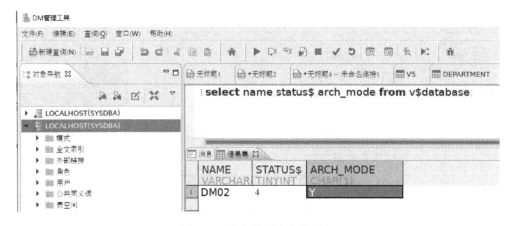

图 4-14　查询数据库归档状态

4.3.2　对实例 DMSERVER 进行物理全库备份

（1）使用 DM 管理工具进行物理全库备份，如图 4-15 所示。

（2）使用 SQL 语句进行物理全库备份：

```
SQL>backup database full to "DB_DAMENG_FULL_2021_03_03_15_05_37" backupset
'DB_DAMENG_FULL_2021_03_03_15_05_37';
```

图 4-15 使用 DM 管理工具进行物理全库备份

4.3.3 对实例 DMSERVER 进行脱机全库恢复

（1）校验备份集：

```
RMAN>CHECK BACKUPSET '/dm8/data/DAMENG/bak/DB_DAMENG_FULL_2021_03_03_15_
05_37';
```

（2）还原数据库：

```
RMAN> RESTORE DATABASE '/opt/dmdbms/data/DAMENG_FOR_RESTORE/dm.ini' from
BACKUPSET '/dm8/data/DAMENG/bak/DB_DAMENG_FULL_2021_03_03_15_05_37';
```

（3）恢复数据库：

```
RMAN> RECOVER DATABASE '/opt/dmdbms/data/DAMENG_FOR_RESTORE/dm.ini' from
BACKUPSET '/dm8/data/DAMENG/bak/DB_DAMENG_FULL_2021_03_03_15_05_37';
```

（4）更新数据库：

```
RMAN>RECOVER DATABASE '/opt/dmdbms/data/DAMENG_FOR_RESTORE/dm.ini' update
db_magic;
```

4.3.4 对 EMP 表空间进行单独还原恢复

服务器意外断电，导致数据文件 EMP_01.DBF 损坏。这使得 EMP 表空间无法处于联机状态，EMP 表空间中的数据也无法访问。我们需要对 EMP 表空间进行恢复。DM8 的表空间只能通过脱机还原恢复，需要使用 DMRMAN 工具。

（1）校验备份集：

```
[dmdba@ dm01 bin]$  ./dmrman
dmrman V8
RMAN>check backupset '/dm8/backup/fullbak2';
check backupset '/dm8/backup/fullbak2';
check backupset successfully.
time used: 22.503(ms)
RMAN>
```

（2）还原表空间：

```
RMAN > restore database '/dm8/data/DAMENG/dm.ini ' tablespace EMP from
backupset '/dm8/backup/fullbak2';
 restore database '/dm8/data/DAMENG/dm.ini' tablespace EMP from backupset
'/dm8/backup/fullbak2';
Database mode =  0, oguid =  0
EP[0]'s cur_lsn[58564]
restore successfully.
time used: 732.098(ms)
```

（3）恢复表空间：

```
RMAN>recover database '/dm8/data/DAMENG/dm.ini' tablespace EMP;
recover database '/dm8/data/DAMENG/dm.ini' tablespace EMP;
Database mode =  0, oguid =  0
[WARN]tablespace EMP is corrupted(state: 2), restore or drop please.
EP[0]'s cur_lsn[58564]
EP[0]'s cur_lsn[58564]
EP:0 total 2 pkgs applied, percent: 10%
EP:0 total 4 pkgs applied, percent: 21%
EP:0 total 6 pkgs applied, percent: 31%
```

```
EP:0 total 8 pkgs applied, percent: 42%
EP:0 total 10 pkgs applied, percent: 52%
EP:0 total 12 pkgs applied, percent: 63%
EP:0 total 14 pkgs applied, percent: 73%
EP:0 total 16 pkgs applied, percent: 84%
EP:0 total 18 pkgs applied, percent: 94%
EP:0 total 19 pkgs applied, percent: 100%
recover successfully.
time used: 534.153(ms)
RMAN>
```

4.3.5　备份策略制定

备份一般分为完全备份、增量备份、差异备份。什么时候做完全备份？什么时候做增量备份？多长时间可以删除备份集文件？这些问题都需要我们制定一套完整的备份策略来解决。这些工作如果由 DBA 手工去完成，不太现实，所以需要这些备份策略定时自动完成。

我们给人事系统制定一套相关的备份策略。

(1) 每星期周天、周三凌晨 1:00 进行数据库全库备份。

(2) 每星期周一、周二、周四、周五、周六凌晨 1:00 进行数据库增量备份。

(3) 每天凌晨 3:00 自动删除 10 天前的备份集文件。

我们利用 DM 管理工具中的作业功能来完成。

作业 1　每星期周天、周三凌晨 1:00 进行数据库全库备份。新建作业 1 界面如图 4-16 所示。

图 4-16　新建作业 1 界面

（1）新建作业 1 基本信息，如图 4-17 所示。

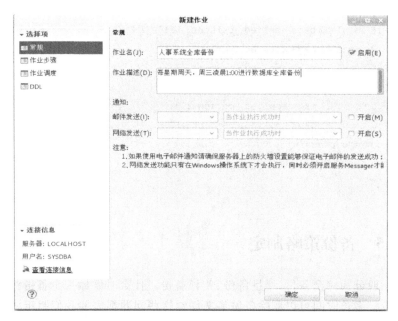

图 4-17　新建作业 1 基本信息

（2）新建作业 1 步骤，如图 4-18 所示。

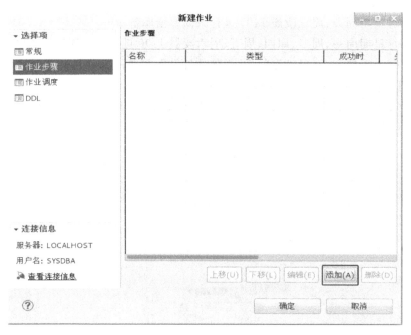

图 4-18　新建作业 1 步骤

（3）新建作业 1 步骤详细信息，如图 4-19 所示。

图 4-19　新建作业 1 步骤详细信息

（4）显示新建作业 1 步骤基本信息，如图 4-20 所示。

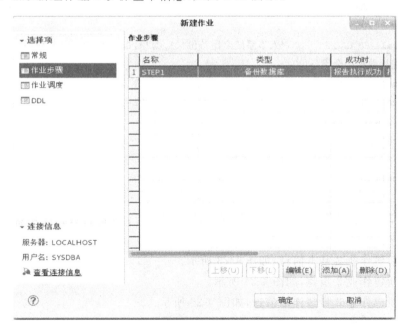

图 4-20　显示新建作业 1 步骤基本信息

（5）新建作业 1 调度详细信息，如图 4-21 所示。

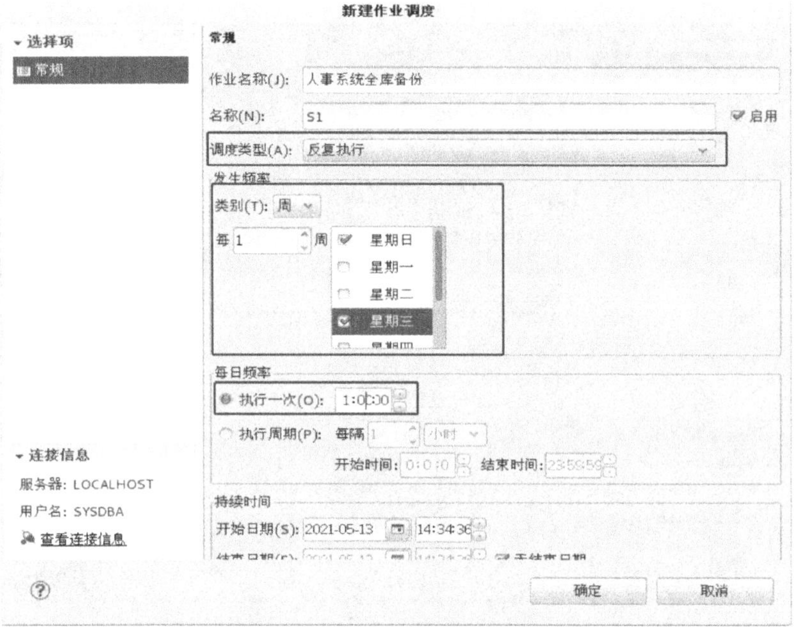

图 4-21　新建作业 1 调度详细信息

（6）每星期周天、周三凌晨 1:00 进行数据库全库备份的 SQL 脚本如下：

```
call SP_CREATE_JOB('人事系统全库备份',1,0,'',0,0,'',0,'每星期周天,周三凌晨
1:00进行数据库全库备份');
call SP_JOB_CONFIG_START('人事系统全库备份');
call SP_ADD_JOB_STEP('人事系统全库备份', 'STEP1', 5, '01000/dm8/backup', 1,
2, 0, 0, NULL, 0);
call SP_ADD_JOB_SCHEDULE('人事系统全库备份', 'S1', 1, 2, 1, 9, 0, '01:00:00',
NULL , '2021- 05- 13 14:34:36', NULL , '');
call SP_JOB_CONFIG_COMMIT('人事系统全库备份');
```

作业 2　每星期周一、周二、周四、周五、周六凌晨 1:00 进行数据库增量备份。新建作业 2 界面如图 4-22 所示。

（1）新建作业 2 基本信息，如图 4-23 所示。

（2）新建作业 2 步骤，如图 4-24 所示。

（3）新建作业 2 步骤详细信息，如图 4-25 所示。

（4）新建作业 2 调度详细信息，如图 4-26 所示。

（5）新建作业 2 调度基本信息，如图 4-27 所示。

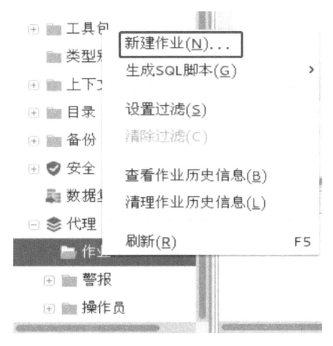

图 4-22　新建作业 2 界面

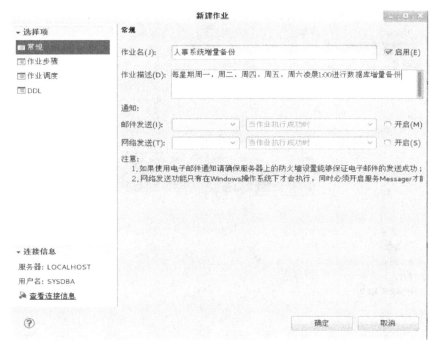

图 4-23　新建作业 2 基本信息

图 4-24　新建作业 2 步骤

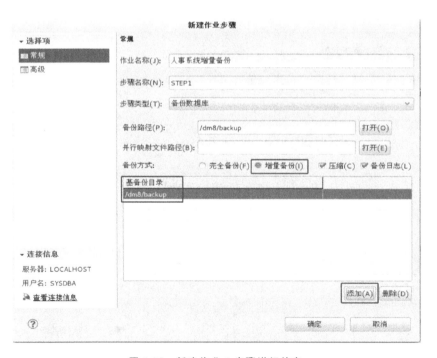

图 4-25　新建作业 2 步骤详细信息

图 4-26　新建作业 2 调度详细信息

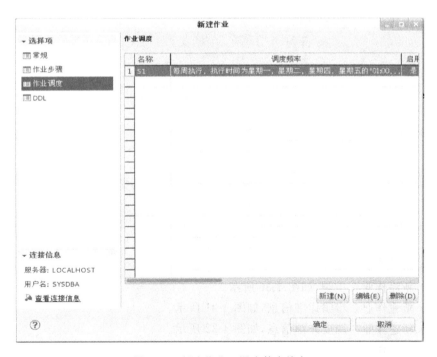

图 4-27　新建作业 2 调度基本信息

(6) 每星期周一、周二、周四、周五、周六凌晨 1:00 进行数据库增量备份的 SQL 脚本如下：

```
call SP_CREATE_JOB('人事系统增量备份',1,0,'',0,0,'',0,'每星期周一,周二,周
四,周五,周六凌晨 1:00 进行数据库增量备份');
call SP_JOB_CONFIG_START('人事系统增量备份');
call SP_ADD_JOB_STEP('人事系统增量备份', 'STEP1', 5, '11000/dm8/backup|/
dm8/backup', 1, 2, 0, 0, NULL, 0);
call SP_ADD_JOB_SCHEDULE('人事系统增量备份', 'S1', 1, 2, 1, 54, 0, '01:00:00',
NULL , '2021-05-13 14:57:12', NULL , '');
call SP_JOB_CONFIG_COMMIT('人事系统增量备份');
```

作业 3 每天凌晨 3:00 自动删除 10 天前的备份集文件。新建作业 3 界面如图 4-28 所示。

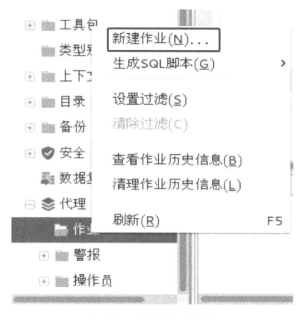

图 4-28 新建作业 3 界面

(1) 新建作业 3 基本信息,如图 4-29 所示。

(2) 新建作业 3 步骤,如图 4-30 所示。

(3) 新建作业 3 步骤详细信息,如图 4-31 所示。

(4) 新建作业 3 调度详细信息,如图 4-32 所示。

(5) 显示作业 3 调度基本信息,如图 4-33 所示。

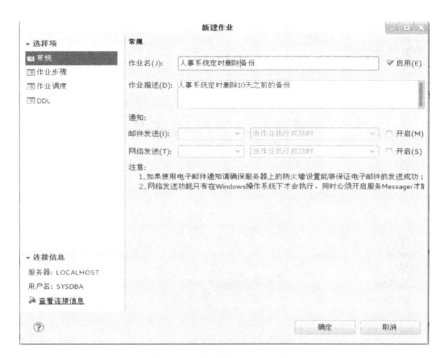

图 4-29　新建作业 3 基本信息

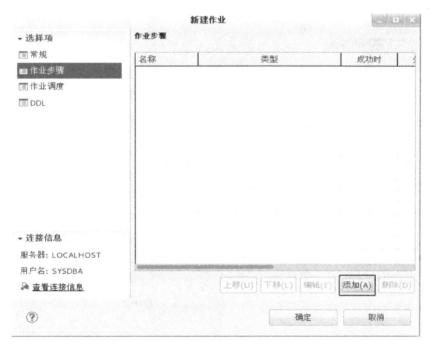

图 4-30　新建作业 3 步骤

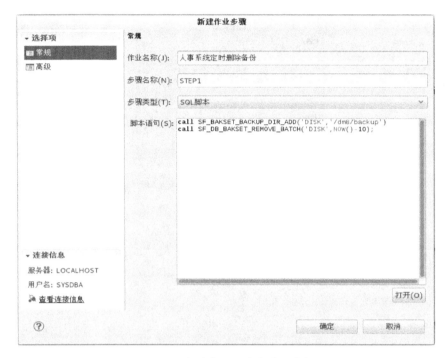

图 4-31　新建作业 3 步骤详细信息

图 4-32　新建作业 3 调度详细信息

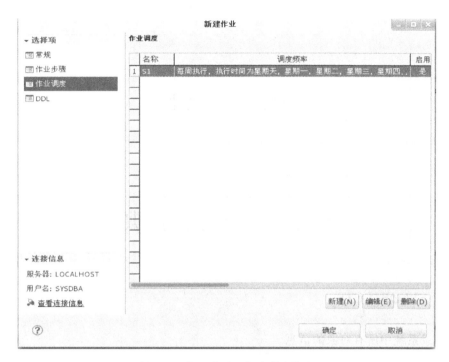

图 4-33   显示作业 3 调度基本信息

（6）每天凌晨 3:00 自动删除 10 天前的备份集文件的 SQL 脚本如下：

```
    call SP_CREATE_JOB('人事系统定时删除备份',1,0,'',0,0,'',0,'人事系统定时删除
10天之前的备份');
    call SP_JOB_CONFIG_START('人事系统定时删除备份');
    call SP_ADD_JOB_STEP('人事系统定时删除备份', 'STEP1', 0, 'call SF_BAKSET_
BACKUP_DIR_ADD(''DISK'','''/dm8/backup'')
    call SF_DB_BAKSET_REMOVE_BATCH(''DISK'',NOW()-10)';', 1, 2, 0, 0, NULL , 0);
    call SP_ADD_JOB_SCHEDULE('人事系统定时删除备份', 'S1', 1, 2, 1, 127, 0, '03:
00:00', NULL , '2021-05-13 15:20:46', NULL , '');
    call SP_JOB_CONFIG_COMMIT('人事系统定时删除备份');
```

附　　录

附录 A　数 据 字 典

1. SYSOBJECTS

记录系统中所有对象的信息。

序号	列	数 据 类 型	说　　明
1	NAME	VARCHAR(128)	对象名称
2	ID	INTEGER	对象 ID
3	SCHID	INTEGER	当 TYPE $ = SCHOBJ 或 者 TYPE $ = TABOBJ 时,表示对象所属的模式 ID,否则为 0
4	TYPE $	VARCHAR(10)	对象的主类型。 ① 库 级: UR, SCH, POLICY, GDBLINK, GSYNOM, DSYNOM, DIR, OPV, SPV, RULE,DMNOBJ; ②模式级:SCHOBJ; ③表级:TABOBJ
5	SUBTYPE $	VARCHAR(10)	对象的子类型。 ①用户对象:USER, ROLE; ②模式对象:UTAB, STAB, VIEW, PROC, SEQ, PKG, TRIG, DBLINK, SYNOM, CLASS, TYPE, JCLASS, DOMAIN, CHARSET,CLLT,CONTEXT; ③表对象:INDEX,CNTIND,CONS

序号	列	数据类型	说　明
6	PID	INTEGER	对象的父对象 ID。－1 表示当前行 PID 列无意义
7	VERSION	INTEGER	对象的版本
8	CRTDATE	DATETIME	对象的创建时间
9	INFO1	INTEGER	(1) 表对象:表数据所在的缓冲区 ID (0xFF000000),数据页填充因子(0x00F00000), BRANCH (0x000FF000), NOBARNCH (0x00000FF0),BRANCHTYPE(0x0000000F); (2) 用户对象:BYTE(4)用户类型; (3) 视图对象:BIT(0)表示是否 CHECK,BIT(1)表示是否 CHECK CASCADE,BIT(2)表示是否加密,BIT(4)表示是否为 SYSTEM; (4) 触发器对象:BIT(1)表示 TV∣EVENT FLAG,BIT(2,3)表示执行类型(前或后),BIT(4)表示是否加密,BIT(5)表示是否系统级,BIT(13)表示是否启用; 对于 TV 触发器:BIT(6)为 RSFLAG 标记,BIT(7)为 NEW REFED FLAG 标记,BIT(8)为 OLD REFED FLAG 标记,BIT(9)为 ALL NEW MDF FLAG 标记; 对于事件触发器:BIT(6,7)表示 SCOPE,BIT(8,11)表示 SCHEDUAL TYPE; (5) 约束对象:列数; (6) 存储过程:BIT(0)表示是否存储过程,BIT(1)表示是否加密,BIT(2)表示是否为系统级; (7) 角色:角色类型; (8) 序列:BYTE(1)表示是否循环,BYTE(2)表示是否排序,BYTE(3)表示是否有缓存; (9) 同义词:是否带系统标识; (10) 包:BIT(1)表示文本是否加密,BIT(2)表示是否带系统标识
10	INFO2	INTEGER	(1) 表/用户/数据库/表空间:BYTE(4)空间限制值; (2) 视图:基表 ID

续表

序号	列	数 据 类 型	说　　明
11	INFO3	BIGINT	(1) 序列:起始值; (2) 触发器:BYTE(0~3)记录 EVENTS。①TV 触发器,BYTE(4)记录更新操作可触发的字段,BYTE(5)记录行前触发器中可被触发器修改值的新行字段,BYTE(6)记录元组级触发器中引用的字段;②事件触发器,BYTE(4)记录间隔,BYTE(5)记录子间隔,BYTE(6,7)记录分间隔; (3) 表:BYTE(0)记录表类型或临时表类型,BYTE(1)记录日志类型或错误响应或不可用标识,BYTE(2)记录是否临时表会话级,BYTE(3~4)记录区大小,BYTE(5)标记分布表; (4) 用户:BYTE(2)记录默认表空间 ID
12	INFO4	BIGINT	(1) 序列:增量; (2) 表:低 4 字节表示表版本,当表字典对象发生变化时,值加 1;高 4 字节表示大字段数据版本,当大字段数据发生变化时,值加 1
13	INFO5	VARBINARY(128)	(1) 表:BYTE(10)为 BLOB 数据段头; (2) 序列:BYTE(8)表示序列最大值或序列最小值,BYTE(4)表示页号,BYTE(2)表示文件 ID 或序列当前位置
14	INFO6	VARBINARY(2048)	(1) 视图:BYTE(4)表示表或视图 ID; (2) 触发器:①TV 触发器,BYTE(2)表示更新操作可触发字段,元组级触发器前可能被触发器修改值的字段,元组级触发器中引用的字段;②事件触发器,BYTE(8)表示开始或结束日期、BYTE(5)表示开始或结束时间; (3) 约束对象:(BYTE(4)ID)表示表列链表; (4) 同义词:BYTE(2)表示模式名或对象名; (5) 表:IDENTITY(BYTE(8) FOR SEED,BYTE(8) FOR INCREMENT)或 BYTE(4)列 ID
15	INFO7	BIGINT	保留

序号	列	数 据 类 型	说　　　　明
16	INFO8	VARBINARY(1024)	表:外部表的控制文件路径,BYTE(2)记录水平分区表总的子表数目
17	VALID	CHAR(1)	对象是否有效(Y,有效;N,失效)

2．SYSINDEXES

记录系统中所有索引定义信息。

序号	列	数 据 类 型	说　　　　明
1	ID	INTEGER	索引 ID
2	ISUNIQUE	CHAR(1)	是否为唯一索引
3	GROUPID	SMALLINT	所在表空间的 ID
4	ROOTFILE	SMALLINT	存放根的文件号
5	ROOTPAGE	INTEGER	存放根的页号
6	TYPE＄	CHAR(2)	类型(BT,B 树;BM,位图;ST,空间;AR,数组)
7	XTYPE	INTEGER	索引标识,联合其他字段标识索引类型。 BIT(0)—0 为聚集索引,1 为二级索引; BIT(1)—标识函数索引; BIT(2)—全局索引在水平分区子表上标识; BIT(3)—全局索引在水平分区主表上标识; BIT(4)—标识唯一索引; BIT(5)—标识扁平索引; BIT(6)—标识数组索引; BIT(11)—表示该位图索引由改造后创建; BIT(12)—位图索引; BIT(13)—位图连接索引; BIT(14)—位图连接索引虚索引; BIT(15)—空间索引; BIT(16)—标识索引是否可见

序号	列	数 据 类 型	说　　明
8	FLAG	INTEGER	索引标记。 BIT(0)—系统索引； BIT(1)—虚索引； BIT(2)— PK； BIT(3)—在临时表上； BIT(4)—无效索引； BIT(5)—fast pool
9	KEYNUM	SMALLINT	索引包含的键值数目
10	KEYINFO	VARBINARY(816)	索引的键值信息
11	INIT_EXTENTS	SMALLINT	初始簇数目
12	BATCH_ALLOC	SMALLINT	下次分配簇数目
13	MIN_EXTENTS	SMALLINT	最小簇数

3. SYSCOLUMNS

记录系统中所有列定义的信息。

序号	列	数 据 类 型	说　　明
1	NAME	VARCHAR(128)	列名
2	ID	INTEGER	父对象 ID
3	COLID	SMALLINT	列 ID
4	TYPE$	VARCHAR(128)	列数据类型
5	LENGTH$	INTEGER	列定义长度
6	SCALE	SMALLINT	列定义刻度
7	NULLABLE$	CHAR(1)	是否允许为空
8	DEFVAL	VARCHAR(2048)	缺省值

序号	列	数据类型	说　　明
9	INFO1	SMALLINT	（1）水平分区表：分区列的序号； （2）其他表：BIT(0)表示压缩标记； （3）列存储表：BIT(0)表示压缩标记，BIT(1～12)表示区大小，BIT(13)表示列存储的区上是否做最大、最小值统计，BIT(14)表示是否加密列； （4）视图：BYTE(2)表示多层视图中的最原始表的列 ID； （5）存储过程：BYTE(2)表示参数类型
10	INFO2	SMALLINT	（1）普通表：BIT(0)表示是否自增列，BIT(14)表示是否加密列； （2）视图：BYTE(2)表示多层视图中直接上层 （3）列存储表：group_id

4. SYSCONS

记录系统中所有约束的信息。

序号	列	数据类型	说　　明
1	ID	INTEGER	约束 ID
2	TABLEID	INTEGER	所属表 ID
3	COLID	SMALLINT	列 ID。暂时不支持，无意义。全部为－1
4	TYPE$	CHAR(1)	约束类型
5	VALID	CHAR(1)	约束是否有效
6	INDEXID	INTEGER	索引 ID
7	CHECKINFO	VARCHAR(2048)	检查约束的文本
8	FINDEXID	INTEGER	外键所引用的索引 ID
9	FACTION	CHAR(2)	前一字符对应外键的更新动作，后一字符对应外键的删除动作
10	TRIGID	INTEGER	动作触发器 ID

5. SYSGRANTS

记录系统中权限信息。

序号	列	数据类型	说　　　明
1	URID	INTEGER	被授权用户/角色 ID
2	OBJID	INTEGER	授权对象 ID,对于数据库权限为-1
3	COLID	INTEGER	表/视图列 ID,非列权限为-1
4	PRIVID	INTEGER	权限 ID
5	GRANTOR	INTEGER	授权者 ID
6	GRANTABLE	CHAR(1)	权限是否可转授(Y,可转授;N,不可转授)

6. SYSACCHISTORIES

记录登录失败的历史信息。

序号	列	数据类型	说　　　明
1	LOGINID	INTEGER	登录 ID
2	LOGINNAME	VARCHAR(128)	登录名
3	TYPE$	INTEGER	登录类型
4	ACCPIP	VARCHAR(128)	访问 IP
5	ACCDT	DATETIME	访问时间

7. SYSPWDCHGS

记录密码的修改信息。

序号	列	数据类型	说　　　明
1	LOGINID	INTEGER	登录 ID
2	OLD_PWD	VARCHAR(48)	旧密码
3	NEW_PWD	VARCHAR(48)	新密码
4	MODIFIED_TIME	TIMESTAMP	修改日期

8. SYSCONTEXTINDEXES

记录全文索引的信息。

序号	列	数 据 类 型	说　　明
1	NAME	VARCHAR(128)	索引名
2	ID	INTEGER	索引号
3	TABLEID	INTEGER	基表号
4	COLID	SMALLINT	列号
5	UPD_TIMESTAMP	TIMESTAMP	索引更新时间
6	TIID	INTEGER	CTI＄INDEX_NAME＄I 表 ID
7	TRID	INTEGER	CTI＄INDEX_NAME＄R 表 ID
8	TPID	INTEGER	CTI＄INDEX_NAME＄P 表 ID
9	WSEG_TYPE	SMALLINT	分词参数类型
10	RESVD1	SMALLINT	保留
11	RESVD2	INTEGER	保留
12	RESVD3	INTEGER	保留
13	RESVD4	VARCHAR(1000)	保留

9. SYSTABLECOMMENTS

记录表或视图的注释信息。

序号	列	数 据 类 型	说　　明
1	SCHNAME	VARCHAR(128)	模式名
2	TVNAME	VARCHAR(128)	表/视图名
3	TABLE_TYPE	VARCHAR(10)	对象类型
4	COMMENT＄	VARCHAR(40000)	注释信息

10. SYSCOLUMNCOMMENTS

记录列的注释信息。

序号	列	数 据 类 型	说　　明
1	SCHNAME	VARCHAR(128)	模式名
2	TVNAME	VARCHAR(128)	表/视图名

续表

序号	列	数 据 类 型	说　　明
3	COLNAME	VARCHAR(128)	列名
4	TABLE_ TYPE	VARCHAR(10)	对象类型
5	COMMENT $	VARCHAR(4000)	注释信息

11. SYSUSERS

记录系统中用户信息。

序号	列	数 据 类 型	说　　明
1	ID	INTEGER	用户 ID
2	PASSWORD	VARCHAR(128)	用户口令
3	AUTHENT_ TYPE	INTEGER	用户认证方式：NDCT_DB_AUTHENT/NDCT _OS_AUTHENT/NDCT_NET_AUTHENT/ NDCT_UNKOWN_AUTHENT
4	SESS_PER_ USER	INTEGER	在一个实例中，一个用户可以同时拥有的会话数量
5	CONN_IDLE_ TIME	INTEGER	用户会话的最大空闲时间
6	FAILED_ NUM	INTEGER	用户登录失败次数限制
7	LIFE_TIME	INTEGER	一个口令在终止使用前可以使用的天数
8	REUSE_TIME	INTEGER	一个口令在可以重新使用之前必须经过的天数
9	REUSE_MAX	INTEGER	一个口令在可以重新使用前必须改变的次数
10	LOCK_TIME	INTEGER	用户口令锁定时间
11	GRACE_ TIME	INTEGER	用户口令过期后的宽限时间
12	LOCKED_ STATUS	SMALLINT	用户登录是否锁定：LOGIN_STATE_ UNLOCKED/LOGIN_STATE_LOCKED
13	LATEST_ LOCKED	TIMESTAMP(19)	用户最后一次的锁定时间

续表

序号	列	数 据 类 型	说　　明
14	PWD_POLICY	INTEGER	用户口令策略:NDCT_PWD_POLICY_NULL; NDCT_PWD_POLICY_1; NDCT_PWD_POLICY_2; NDCT_PWD_POLICY_3; NDCT_PWD_POLICY_4; NDCT_PWD_POLICY_5
15	RN_FLAG	INTEGER	是否只读
16	ALLOW_ADDR	VARCHAR(500)	允许的 IP 地址
17	NOT_ALLOW_ADDR	VARCHAR(500)	不允许的 IP 地址
18	ALLOW_DT	VARCHAR(500)	允许登录的时间段
19	NOT_ALLOW_DT	VARCHAR(500)	不允许登录的时间段
20	LAST_LOGIN_DTID	VARCHAR(128)	上次登录时间
21	LAST_LOGIN_IP	VARCHAR(128)	上次登录 IP 地址
22	FAILED_ATTEMPS	INTEGER	将引起一个账户被锁定的连续注册失败的次数
23	ENCRYPT_KEY	VARCHAR(256)	用户登录的存储加密密钥

12. SYSRESOURCES

记录用户使用系统资源的限制信息。

序号	列	数 据 类 型	说　　明
1	ID	INTEGER	用户 ID
2	CPU_PER_CALL	INTEGER	用户的一个请求能够使用的 CPU 时间上限(单位:秒)
3	CPU_PER_SESSION	INTEGER	一个会话允许使用的 CPU 时间上限(单位:秒)

续表

序号	列	数据类型	说　　明
4	MEM_SPACE	INTEGER	会话占有的私有内存空间上限（单位：MB）
5	READ_PER_CALL	INTEGER	每个请求能够读取的数据页数
6	READ_PER_SESSION	INTEGER	一个会话能够读取的总数据页数上限
7	INFO1	VARCHAR(256)	一个会话连接、访问和操作数据库服务器的时间上限（单位：10分钟）

附录 B　动态性能视图

1. 资源管理

1）V $ DICT_CACHE_ITEM

显示字典缓存中的字典对象信息。

序号	列	数据类型	说　　明
1	TYPE	VARCHAR(128)	字典对象的类型，包括 DB、TABLE、VIEW、INDEX、USER、ROLE、PROC、TRIGGER、CONSTRAINT、SCHEMA、SEQUENCE、DBLINK、SYSROLE、PACKAGE、OBJECT、SYNOM、CRYPT、CIPHER、IDENTITY、SYS PRIVILEGE、OBJ PRIVILEGE、POLICY、RULE、COLUMN、DOMAIN、CHARSET、COLLATION、CONTEXT INDEX、REGEXP REWRITE、NORMAL REWRITE、CONTEXT、DIRECTORY
2	ID	INTEGER	字典对象 ID
3	NAME	VARCHAR(128)	字典对象的名称

序号	列	数 据 类 型	说　　明
4	SCHID	INTEGER	字典对象所属模式
5	PID	INTEGER	父 ID

2）V ＄ DICT_CACHE

显示字典缓存信息。

序号	列	数 据 类 型	说　　明
1	ADDR	VARCHAR(20)	地址
2	POOL_ID	INTEGER	缓冲区 ID
3	TOTAL_SIZE	INTEGER	总大小
4	USED_SIZE	INTEGER	实际使用大小
5	DICT_NUM	INTEGER	字典对象总数

3）V ＄ SQLTEXT

显示缓冲区中的 SQL 语句信息。

序号	列	数 据 类 型	说　　明
1	SQL_ADDR	VARBINARY(8)	语句在缓存中的地址
2	SQL_ID	INTEGER	语句编号（唯一标识）
3	N_EXEC	INTEGER	语句执行次数
4	HASH_VALUE	INTEGER	语句 HASH 值
5	CMD_TYPE	VARCHAR(16)	语句类型（来自语句类型，例如 DRO_STMT_CTAB）
6	SQL_TEXT	VARCHAR(7168)	SQL 语句内容（如果超过 7168 字符，则分段存储）
7	SQL_NTH	INTEGER	SQL 语句段号（从 0 开始）
8	HASH	VARBINARY(8)	SQL 语句的 HASH 节点地址
9	LINK_ADDR	VARBINARY(8)	下一个 SQL 语句地址

4）V ＄ MEM_POOL

显示所有的内存池信息。

序号	列	数据类型	说　　明
1	ADDR	BIGINT	内存结构地址
2	NAME	VARCHAR(128)	内存池名称
3	IS_SHARED	CHAR(1)	是否为共享的
4	CHK_MAGIC	CHAR(1)	是否打开了内存校验
5	CHK_LEAK	CHAR(1)	是否打开了泄露检查
6	IS_OVERFLOW	CHAR(1)	是否已经触发 BAK_POOL 的分配
7	IS_DSA_ITEM	CHAR(1)	是否为 DSA(Dameng share area)项目，目前一律为 N
8	ORG_SIZE	BIGINT	初始大小，以字节数为单位
9	TOTAL_SIZE	BIGINT	当前总大小，以字节数为单位
10	RESERVED_SIZE	BIGINT	当前分配出去的大小，以字节数为单位
11	DATA_SIZE	BIGINT	当前分配出去的数据占用大小，以字节数为单位
12	EXTEND_SIZE	BIGINT	每次扩展的块大小，以字节数为单位
13	TARGET_SIZE	BIGINT	扩展的目标大小，以字节数为单位
14	EXTEND_LEN	INTEGER	扩展链长度
15	N_ALLOC	INTEGER	累计分配了几次
16	N_EXTEND_NORMAL	INTEGER	目标(TARGET)范围内累计扩展次数
17	N_EXTEND_EXCLUSIVE	INTEGER	超过目标(TARGET)累计扩展次数
18	N_FREE	INTEGER	累计释放次数
19	MAX_EXTEND_SIZE	BIGINT	当前最大的扩展块，以字节数为单位

续表

序号	列	数 据 类 型	说　　明
20	MIN_EXTEND_SIZE	BIGINT	当前最小的扩展块,以字节数为单位
21	FILE_NAME	VARCHAR(256)	本池创建点所在的源文件名
22	FILE_LINE	INTEGER	创建点所在的代码行
23	CREATOR	INTEGER	创建者线程号

2. 段簇页

1) V$SEGMENT_INFOS

显示所有的段信息。

序号	列	数 据 类 型	说　　明
1	TS_ID	INTEGER	表空间 ID
2	SEG_ID	INTEGER	段 ID
3	TYPE	VARCHAR(256)	段的类型(INNER 表示内节点段,LEAF 表示叶子节点段,LIST 表示堆表段,BLOB 表示 BLOB 段)
4	OBJ_ID	INTEGER	若段为内节点段或叶子节点段,则为索引 ID;若段为 BLOB 段,则为 BLOB 所在的表 ID
5	INODE_FILE_ID	INTEGER	段的 INODE 所在页的文件号
6	INODE_PAGE_NO	INTEGER	段的 INODE 所在页的页号
7	INODE_OFFSET	INTEGER	段的 INODE 所在页的页内偏移
8	N_FULL_EXTENT	INTEGER	段中的满簇数
9	N_FREE_EXTENT	INTEGER	段中的空闲簇数

序号	列	数 据 类 型	说　明
10	N_FRAG_EXTENT	INTEGER	段中的半满簇数
11	N_FRAG_PAGE	INTEGER	段中的半满簇中总页数

2) V＄SEGMENT_PAGES

段中数据页的信息视图。查询该视图时,一定要带 WHERE 条件指定 GROUP_ID 和 SEG_ID,并且必须是等值条件。例如:select ＊ from v＄segment_pages where group_id＝1 and seg_id ＝ 200。

序号	列	数 据 类 型	说　明
1	GROUP_ID	INTEGER	表空间 ID
2	SEG_ID	INTEGER	段编号
3	FILE_ID	INTEGER	页的文件号
4	PAGE_NO	INTEGER	页的页号

3) V＄PSEG_SYS

显示当前回滚段信息。

序号	列	数 据 类 型	说　明
1	N_ITEM	INTEGER	系统中存在回滚项目的个数
2	EXTENT_SIZE	INTEGER	每次新申请的回滚页数目
3	ALLOC_PAGES	BIGINT	回滚页分配的空间大小
4	EXTEND_NUM	BIGINT	回滚页分配的簇大小
5	RECLAIM_PAGES	BIGINT	回滚段重新回收的页数
6	TAB_ITEMS	BIGINT	回滚段缓存表的个数(有 STORAGE 选项不计)

续表

序号	列	数据类型	说明
7	TAB_HASH_SIZE	BIGINT	回滚段缓存的 HASH 表的大小
8	OBJ_COUNT	BIGINT	PURGE 涉及对象的个数
9	OBJ_HASH_SIZE	BIGINT	PURGE 涉及对象的 HASH 表的大小

4）V＄PSEG_ITEMS

显示回滚系统中当前回滚项信息。

序号	列	数据类型	说明
1	NTH	INTEGER	ITEM 序号
2	N_PAGES	INTEGER	回滚页数
3	N_EXTEND	INTEGER	扩展回滚段次数
4	N_PURGED_PAGES	INTEGER	已 PURGE 的页数
5	N_USED_PAGES	INTEGER	正在使用的页数
6	N_UREC_BYTES	BIGINT	生成回滚记录的总字节数
7	N_COMMIT_TRX	INTEGER	已经提交未 PURGE 的事务数
8	RESERVE_TIME	INTEGER	事务提交后的最长保留时间（单位：秒）
9	STACK_SIZE	INTEGER	空闲回滚页堆栈中总页数
10	STACK_SP	INTEGER	空闲回滚页堆栈中空闲页数
11	MAX_COMMIT_TRX	INTEGER	已经提交未 PURGE 的最大事务数
12	N_FREE_NODE	INTEGER	提交队列的空闲个数

续表

序号	列	数 据 类 型	说　明
13	N_QUEUE_ITEM	INTEGER	队列项的个数，每个项管理一组提交队列
14	FIRST_COMMIT_TIME	INTEGER	第一个提交事务的时间到当前时间的间隔
15	N_PURGING_TRX	INTEGER	正在 PURGE 的事务数

5）V $ PSEG_COMMIT_TRX

显示回滚项中已提交但未 PURGE 的事务信息。

序号	列	数 据 类 型	说　明
1	ITEM_NTH	INTEGER	隶属回滚项的序号
2	TRX_ID	BIGINT	事务 ID
3	CMT_TIME	TIMESTAMP	事务提交时间
4	FPA_FILE_ID	INTEGER	起始页地址文件号。－1 表示该事务没有修改数据，所以回滚文件号为空
5	FPA_PAGE_NO	INTEGER	起始页地址页 ID。－1 表示该事务没有修改数据，所以回滚页为空

6）V $ PSEG_PAGE_INFO

显示当前回滚页信息。

序号	列	数 据 类 型	说　明
1	ITEM_NTH	INTEGER	隶属回滚项的序号
2	FILE_ID	INTEGER	文件号
3	PAGE_NO	INTEGER	页号
4	TRX_ID	BIGINT	对应事务 ID
5	STATUS	INTEGER	0 表示 ACTIVE，1 表示 COMMIT，2 表示 PURGE，3 表示 PRECOMMIT
6	N_UREC	INTEGER	回滚记录个数

序号	列	数 据 类 型	说　　　明
7	N ＿ USED ＿ BYTES	INTEGER	页内已使用字节数

7）V＄PURGE

显示当前 PURGE 回滚段信息。

序号	列	数 据 类 型	说　　　明
1	OBJ_NUM	INTEGER	待 PURGE 事务个数
2	IS_RUNNING	CHAR	是否正在运行 PURGE(Y/N)
3	PURG ＿ FOR ＿ TS	CHAR	是否正在 PURGE 表空间(Y/N)

8）V＄PURGE_PSEG_OBJ

显示 PURGE 系统中,待 PURGE 的所有 PSEG 对象信息。

序号	列	数 据 类 型	说　　　明
1	TRX_ID	BIGINT	事务 ID
2	NEED_ PURGE	CHAR	是否需要 PURGE(Y/N)
3	TAB_NUM	INTEGER	涉及表数

9）V＄PURGE_PSEG_TAB

显示待 PURGE 表信息。

序号	列	数 据 类 型	说　　　明
1	TRX_ID	BIGINT	事务 ID
2	TAB_ID	INTEGER	表 ID
3	GROUP_ID	INTEGER	控制页所在表空间 ID
4	FILE_ID	INTEGER	控制页文件 ID
5	PAGE_NO	INTEGER	控制页编号

序号	列	数据类型	说　明
6	TAB_TYPE	INTEGER	表类型。0—普通表;1—全局临时表;2—本地临时表;6—范围分区表主表;7—范围分区表子表;8—HASH 分区表主表;9—HASH 分区表子表;10—位图连接索引表;11—LIST 分区表主表;12—LIST 分区表子表;13—外部表;14—记录类型数组所用的临时表;15—DBLINK 远程表;19—HUGE TABLE;24—HUGE 表范围分区表主表;25—HUGE 表范围分区表子表;26—HUGE 表 HASH 分区表主表;27—HUGE 表 HASH 分区表子表;28—HUGE 表 LIST 分区表主表;29—HUGE 表 LIST 分区表子表;32—位图索引表
7	ROW_COUNT	BIGINT	插入/删除(INSERT/DELETE)操作影响表行数。每插入一行加 1,每删除一行减 1

3. 数据库信息

1) V $ LICENSE

显示 LICENSE 信息,用来查询当前系统的 LICENSE 信息。

序号	列	数据类型	说　明
1	LIC_VERSION	VARCHAR(256)	许可证版本号
2	SERIES_NO	VARCHAR(256)	序列号
3	SERVER_SERIES	VARCHAR(256)	服务器颁布类型(P—个人版;S—标准版;E—企业版;A—安全版;C—云版本)
4	SERVER_TYPE	VARCHAR(256)	服务器发布类型(1—正式版;2—测试版;3—试用版)
5	SERVER_VER	VARCHAR(256)	服务器版本号
6	EXPIRED_DATE	DATE	有效日期
7	AUTHORIZED_CUSTOMER	VARCHAR(256)	用户名称

序号	列	数 据 类 型	说　明
8	AUTHORIZED _USER_ NUMBER	BIGINT	授权用户数
9	CONCURRENCY _USER_ NUMBER	BIGINT	并发连接数
10	MAX_CPU_NUM	BIGINT	最大 CPU 数目
11	NOACTIVE_ DEADLINE	DATE	未激活状态截止日期
12	HARDWARE_ID	VARCHAR(256)	硬件编码
13	CHECK_CODE	VARCHAR(16)	校验码
14	PRODUCT_TYPE	VARCHAR(8)	产品类型。内容为：DM7/DM6/ DMETLV4/DMETLV3/DMHSV3，以后根据需要可增加
15	PROJECT_NAME	VARCHAR(128)	项目名称
16	CPU_TYPE	VARCHAR(24)	授权运行的 CPU 类型
17	OS_TYPE	VARCHAR(24)	授权运行的操作系统
18	MAX_CORE_ NUM	INTEGER	授权最大 CPU 核个数
19	HARDWARE_ TYPE	VARCHAR(24)	硬件绑定类型(1—MAC 地址；2—CPU ID； 3—HARDDRIVER ID)
20	CLUSTER_TYPE	VARCHAR(24)	授权使用的集群类型(1—主备；2—MPP； NULL—无集群)
21	DATE_GEN	DATE	KEY 的生成日期

2) V $ VERSION

显示版本信息,包括服务器版本号与 DB 版本号。如果为 DMDSC 环境,则还会增加显示 DMDSC 版本号。

序号	列	数 据 类 型	说　明
1	BANNER	VARCHAR(80)	版本标识

3）V$DATAFILE

显示数据文件信息。

序号	列	数据类型	说明
1	GROUP_ID	INTEGER	所属的表空间 ID
2	ID	INTEGER	数据库文件 ID
3	PATH	VARCHAR(256)	数据库文件路径
4	CLIENT_PATH	VARCHAR(256)	数据库文件路径,专门提供给客户端
5	CREATE_TIME	TIMESTAMP(0)	数据库文件创建时间
6	STATUS$	TINYINT	状态
7	RW_STATUS	TINYINT	读写状态(1,读;2,写)
8	LAST_CKPT_TIME	TIMESTAMP(0)	最后一次检查点时间。只对 ONLINE 的 DB 做统计,否则就是空
9	MODIFY_TIME	TIMESTAMP(0)	文件修改时间
10	MODIFY_TRX	BIGINT	修改事务
11	TOTAL_SIZE	BIGINT	总大小(单位:页数)
12	FREE_SIZE	BIGINT	空闲大小(单位:页数)
13	FREE_PAGE_NO	BIGINT	数据文件中连续空白页的起始页号
14	PAGES_READ	BIGINT	读页
15	PAGES_WRITE	BIGINT	写页
16	PAGE_SIZE	INTEGER	页大小(单位:字节)
17	READ_REQUEST	INTEGER	读请求
18	WRITE_REQUEST	INTEGER	写请求

序号	列	数 据 类 型	说　　明
19	MAX_SIZE	INTEGER	文件最大大小(单位:MB)
20	AUTO_EXTEND	INTEGER	是否支持自动扩展(1,支持;0,不支持)
21	NEXT_SIZE	INTEGER	文件每次扩展大小(单位:MB)
22	MIRROR_PATH	VARCHAR(256)	镜像文件路径

4) V$DATABASE

显示数据库信息。

序号	列	数 据 类 型	说　　明
1	NAME	VARCHAR(128)	数据库名称
2	CREATE_TIME	TIMESTAMP	数据库创建时间
3	ARCH_MODE	CHAR(1)	归档模式:归档或不归档,默认为不归档
4	LAST_CKPT_TIME	TIMESTAMP(0)	最后一次检查点时间。只对 ONLINE 的 DB 做统计,否则就是空
5	STATUS$	TINYINT	状态(1,启动;2,启动且 REDO 完成;3,配置(MOUNT);4,打开;5,挂起;6,关闭)
6	ROLE$	TINYINT	角色(0,普通;1,主库;2,备库)
7	MAX_SIZE	BIGINT	最大大小。0 代表只受操作系统限制
8	TOTAL_SIZE	BIGINT	总大小
9	DSC_NODES	INTEGER	DSC 集群系统中的实例总数
10	OPEN_COUNT	INTEGER	数据库打开(OPEN)次数
11	STARTUP_COUNT	BIGINT	数据库启动次数
12	LAST_STARTUP_TIME	TIMESTAMP	数据库最近一次启动时间

5）V＄IID

显示下一个创建的数据库对象的 ID。该视图提供用户可以查询下一个创建对象的 ID 的值，可以方便用户查询预知自己所要建立对象的信息。

序号	列	数据类型	说　明
1	NAME	VARCHAR(100)	对象名称
2	VALUE	BIGINT	对象值

6）V＄INSTANCE

显示实例信息。

序号	列	数据类型	说　明
1	NAME	VARCHAR(128)	实例名称
2	HOST_NAME	VARCHAR(128)	主机名称
3	INSTANCE_NAME	VARCHAR（128）	实例名称
4	INSTANCE_NUMBER	INTEGER	实例 ID。单节点上默认值为 1，MPP 或 DSC 环境下默认值为实例序号加 1
5	SVR_VERSION	VARCHAR(128)	服务器版本
6	DB_VERSION	VARCHAR(40)	数据库版本
7	START_TIME	TIMESTAMP	服务器启动时间
8	STATUS＄	VARCHAR(128)	系统状态
9	MODE＄	VARCHAR(128)	模式
10	OGUID	INTEGER	控制文件的 OGUID
11	DSC_SEQNO	INTEGER	DSC 序号
12	DSC_ROLE	VARCHAR(32)	非 DSC 环境下显示 NULL；DSC 环境下表示 DSC 系统角色：控制节点（control node），普通节点（normal node）

7）V＄RESERVED_WORDS

保留字统计表，记录保留字的分类信息。
RES_FIXED＝N 的关键字，通过 ini 参数 EXCLUDE_RESERVED_WORDS 设

置之后会失效,此视图不会再记录。

序号	列	数 据 类 型	说　　明
1	KEYWORD	VARCHAR(30)	关键字名字
2	LENGTH	INTEGER	关键字长度
3	RESERVED	VARCHAR(1)	是否为保留字
4	RES_SQL	VARCHAR(1)	是否为 SQL 保留字,不能作 SQL 中的标识符
5	RES_PL	VARCHAR(1)	是否为 DMSQL 程序保留字,不能作 DMSQL 程序语句块中的标识符
6	RES_ SCHEMA	VARCHAR(1)	是否为模式保留字,不能作模式标识符
7	RES_ VARIABLE	VARCHAR(1)	是否为变量保留字,不能作变量标识符
8	RES_ALIAS	VARCHAR(1)	是否为别名保留字,不能作别名标识符
9	RES_FIXED	VARCHAR(1)	关键字是否可以 EXCLUDE(Y,不可以;N,可以)

8) V＄ERR_INFO

显示系统中的错误码信息。

序号	列	数 据 类 型	说　　明
1	CODE	INTEGER	错误码
2	ERRINFO	VARCHAR(512)	错误码描述

9) V＄HINT_INI_INFO

显示支持的 HINT 参数信息。

序号	列	数 据 类 型	说　　明
1	PARA_NAME	VARCHAR(128)	参数名称
2	HINT_TYPE	VARCHAR(16)	HINT 类型(OPT,优化分析阶段使用;EXEC,执行阶段使用)

4. 数据库对象相关

数据库对象包括:表空间、序列、包、索引和函数等。

1) V＄TABLESPACE

显示表空间信息,不包括回滚表空间信息。

序号	列	数 据 类 型	说　　明
1	ID	INTEGER	表空间 ID
2	NAME	VARCHAR(128)	表空间名称
3	CACHE	VARCHAR(20)	缓存名
4	TYPE＄	TINYINT	表空间类型(1 表示 DB 类型,2 表示临时表空间。)
5	STATUS＄	TINYINT	状态(0,ONLINE;1,OFFLINE;2,RES_OFFLINE;3,CORRUPT)
6	MAX_SIZE	BIGINT	最大大小,0 代表只受操作系统限制(暂无实际意义)
7	TOTAL_SIZE	BIGINT	总大小,以页为单位
8	FILE_NUM	INTEGER	包含的文件数
9	ENCRYPT_NAME	VARCHAR(128)	加密算法名
10	ENCRYPTED_KEY	VARCHAR(500)	加密密钥,十六进制
11	COPY_NUM	INTEGER	表空间文件在 DMTDD 中的副本数
12	SIZE_MODE	VARCHAR(128)	表空间文件在 DMTDD 中的副本策略

2) V＄HUGE_TABLESPACE

显示 HUGE 表空间信息。

序号	列	数 据 类 型	说　　明
1	ID	INTEGER	表空间 ID
2	NAME	VARCHAR(128)	表空间名称
3	PATHNAME	VARCHAR(256)	表空间路径
4	DIR_NUM	INTEGER	表空间路径数
5	COPY_NUM	INTEGER	表空间文件在 DMTDD 中的副本数
6	SIZE_MODE	VARCHAR(128)	表空间文件在 DMTDD 中的副本策略

3) V＄HUGE_TABLESPACE_PATH

显示 HUGE 表空间路径信息。

序号	列	数 据 类 型	说　　明
1	ID	INTEGER	表空间 ID
2	PATHNAME	VARCHAR(256)	表空间路径

4) V＄DB_CACHE

数据字典缓存表,用于记录数据字典的实时信息。

序号	列	数 据 类 型	说　　明
1	DB_ADDR	VARBINARY(8)	数据字典地址
2	POOL_ID	INTEGER	缓存池 ID
3	TOTAL_SIZE	INTEGER	缓存池总空间(单位:字节)
4	USED_SIZE	INTEGER	实际使用的空间(单位:字节)
5	DICT_NUM	INTEGER	缓存池中字典对象的总数
6	SIZE _ LRU _ DISCARD	BIGINT	所有被淘汰的字典对象空间的总和(单位:字节)
7	LRU_ DISCARD	INTEGER	字典对象被淘汰的次数
8	DDL_ DISCARD	INTEGER	DDL 操作导致字典对象被淘汰的次数

5) V＄DB_OBJECT_CACHE

数据字典对象缓存表,用于记录数据字典中每个对象的信息。

序号	列	数 据 类 型	说　　明
1	TYPE	VARCHAR(32)	字典对象类型
2	ID	INTEGER	字典对象的 ID
3	NAME	VARCHAR(128)	字典对象的名称
4	SCHID	INTEGER	所在模式的 ID
5	PID	INTEGER	所属对象的 ID
6	STATUS	VARCHAR(16)	状态
7	T_SIZE	INTEGER	对象结构所占空间
8	R_SIZE	INTEGER	对象在缓存中实际的空间
9	VERSION	INTEGER	对象的版本号

序号	列	数据类型	说　　明
10	ID_HASH	VARBINARY(8)	对象 ID 的 HASH 值
11	NAME_HASH	VARBINARY(8)	对象 NAME 的 HASH 值
12	LOAD_TIME	DATETIME	对象被加载的时间
13	N_DECODE	INTEGER	对象解析的次数
14	N_SEARCH	INTEGER	对象搜索的次数

6）V$JOBS_RUNNING

显示系统中正在执行的作业信息。

序号	列	数据类型	说　　明
1	SID	BIGINT	作业执行的会话的 ID
2	JOBID	INTEGER	作业号
3	FAILURES	INTEGER	作业自上一次成功以来的失败次数，暂不支持
4	LAST_DATE	DATETIME(6)	最后一次成功运行工作的时间
5	THIS_DATE	DATETIME(6)	本次运行的开始时间
6	INSTANCE	INTEGER	能够运行或正在运行作业的实例的 ID 号。单节点上默认值为 1，MPP 或 DSC 环境下默认值为实例序号加 1

5. 数据库配置参数

1）V$PARAMETER

显示 ini 参数和 dminit 建库参数的类型及参数值信息（当前会话值、系统值及 dm.ini 文件中的值）。

序号	字段	类　　型	说　　明
1	ID	INTEGER	ID 号
2	NAME	VARCHAR(80)	参数名字

序号	字段	类　　型	说　　明
3	TYPE	VARCHAR(200)	参数类型。①READ ONLY:手动参数,表示服务器运行过程中不可修改;②IN FILE:静态参数,只可修改 ini 文件;③ SYS 和 SESSION:动态参数,ini 文件和内存可同时修改,其中,SYS 为系统级参数,SESSION 为会话级参数
4	VALUE	VARCHAR(4000)	参数的值(当前会话)
5	SYS_VALUE	VARCHAR(4000)	参数的值(系统)
6	FILE_VALUE	VARCHAR(4000)	参数的值(ini 文件)
7	DESCRIPTION	VARCHAR2(255)	参数描述

2) V＄DM_INI

显示所有 ini 参数和 dminit 建库参数信息。

序号	列	数 据 类 型	说　　明
1	PARA_NAME	VARCIIAR (128)	参数名称
2	PARA_VALUE	VARCHAR (256)	系统参数值
3	MIN_VALUE	VARCHAR (256)	最小值
4	MAX_VALUE	VARCHAR (256)	最大值
5	MPP_CHK	CHAR(1)	是否检查 MPP 节点间参数一致性(Y,是;N,否)
6	SESS_VALUE	VARCHAR(256)	会话参数值
7	FILE_VALUE	VARCHAR(256)	INI 文件中参数值
8	DESCRIPTION	VARCHAR(256)	参数描述

3) V＄DM_ARCH_INI

显示归档参数信息。

序号	列	数 据 类 型	说　　明
1	ARCH_NAME	VARCHAR (128)	归档名称
2	ARCH_TYPE	VARCHAR (128)	归档类型

续表

序号	列	数 据 类 型	说　　明
3	ARCH_DEST	VARCHAR (512)	对于 LOCAL 归档,表示归档路径;对于 REMOTE 归档,表示本节点归档要发送到的实例名;对于其余类型的归档,表示归档目标实例名
4	ARCH_FILE_SIZE	INTEGER	归档文件大小
5	ARCH_SPACE_LIMIT	INTEGER	归档文件的磁盘空间限制(单位:MB)
6	ARCH_HANG_FLAG	INTEGER	如果本地归档时磁盘空间不够,则是否让服务器挂起。无实际意义。对于本地归档和远程归档,显示 1;对于其余类型的归档,显示 NULL
7	ARCH_TIMER_NAME	VARCHAR (128)	对于异步归档,表示定时器名称;对于其余类型的归档,显示 NULL
8	ARCH _ IS _ VALID	CHAR(1)	归档状态是否有效
9	ARCH_WAIT_APPLY	INTEGER	性能模式,是否等待重演完成。取值 0,高性能模式;取值 1,数据一致模式。本地归档取值 NULL
10	ARCH_INCOMING_PATH	VARCHAR(256)	对于 REMOTE 归档,表示远程节点发送过来的归档在本地的保存目录;对于其余类型的归档,显示 NULL
11	ARCH_CURR_DEST	VARCHAR(256)	当前归档目标实例名。如果备库是 DMDSC 集群,则归档目标是备库控制节点,该字段表示当前被选定为归档目标的节点实例名;如果备库是单机,则归档目标是备库实例名

6．日志管理

1）V＄RLOG

显示日志的总体信息。通过该视图可以了解系统当前日志序列号（LSN）的情况、归档日志情况、检查点的执行情况等。

序号	列	数据类型	说　明
1	CKPT_LSN	BIGINT	最近一次检查点 LSN
2	FILE_LSN	BIGINT	已经到盘上的 LSN
3	FLUSH_LSN	BIGINT	当前准备刷盘的 LSN
4	CUR_LSN	BIGINT	当前的 LSN
5	NEXT_SEQ	INTEGER	下一页页号
6	N_MAGIC	INTEGER	本次运行，日志的 MAGIC
7	DB_MAGIC	BIGINT	数据库的 MAGIC
8	FLUSH_PAGES	INTEGER	FLUSH 链表中的总页数
9	FLUSHING_PAGES	INTEGER	正在刷盘的总页数
10	CUR_FILE	INTEGER	记录刷文件前当前文件的 ID
11	CUR_OFFSET	BIGINT	记录刷文件前当前文件空闲位置的偏移
12	CKPT_FILE	INTEGER	最近一次检查点对应的当时的文件号
13	CKPT_OFFSET	BIGINT	最近一次检查点对应的当时的文件偏移
14	FREE_SPACE	BIGINT	目前可用的日志空间
15	TOTAL_SPACE	BIGINT	日志总空间
16	SUSPEND_TIME	TIMESTAMP	挂起时间戳
17	UPD_CTL_LSN	BIGINT	系统修改控制文件的 ptx—>lsn
18	N_RESERVE_WAIT	INTEGER	日志空间预申请等待的个数

续表

序号	列	数据类型	说　　明
19	TOTAL_FLUSH_PAGES	BIGINT	系统启动后累计刷盘的总页数
20	TOTAL_FLUSH_TIMES	BIGINT	系统启动后累计刷盘的总次数
21	GLOBAL_NEXT_SEQ	BIGINT	全局包序号
22	N＿PRIMAY＿EP	INTEGER	主库节点数
23	PRIMARY_DB_MAGIC	BIGINT	主库 DB_MAGIC 值
24	CKPT＿N＿PRIMAY_EP	INTEGER	主库节点数,刷盘时调整
25	CKPT_PRIMARY_DB_MAGIC	BIGINT	主库 DB_MAGIC 值,刷盘时调整
26	MIN＿EXEC＿VER	VARCHAR(64)	日志文件允许访问的最小执行码版本号
27	MIN＿DCT＿VER	INTEGER	日志文件允许访问的最小字典版本号

2) V＄RLOGFILE

显示日志文件的具体信息。其包括文件号、完整路径、文件的状态、文件大小等。

序号	列	数据类型	说　　明
1	GROUP_ID	INTEGER	表空间 ID
2	FILE_ID	INTEGER	文件 ID
3	PATH	VARCHAR(256)	文件路径
4	CLIENT_PATH	VARCHAR(256)	文件路径,专门提供给客户端

续表

序号	列	数据类型	说　　明
5	CREATE_TIME	TIMESTAMP	创建时间
6	RLOG_SIZE	BIGINT	文件大小(单位:字节)
7	MIN_EXEC_VER	VARCHAR(64)	此文件允许访问的最小执行码版本号
8	MIN_DCT_VER	INTEGER	此文件允许访问的最小字典版本号

3) V＄ARCHIVED_LOG

显示当前实例的所有归档日志文件信息。此动态视图与 ORACLE 兼容,对于下表中未列出的列,DM 暂不支持,查询时均显示 NULL。

序号	列	数据类型	说　　明
1	NAME	VARCHAR(513)	归档日志文件名
2	THEAD＃	BIGINT	默认为 0
3	SEQUENCE＃	INTEGER	日志文件的序号
4	FIRST_CHANGE＃	BIGINT	日志文件所记录的日志的最小 LSN 值
5	NEXT_CHANGE＃	BIGINT	日志文件所记录的日志的最大 LSN 值
6	FIRST_TIME	DATETIME	日志文件所记录的日志的起始时间
7	NEXT_TIME	DATETIME	日志文件所记录的日志的截止时间
8	ARCHIVED	VARCHAR(3)	默认为归档
9	DELETED	VARCHAR(3)	默认为 NO
10	STATUS	VARCHAR(1)	默认为 A
11	IS_RECOVERY_DEST_FILE	VARCHAR(3)	默认为 NO

7. 会话

1) V $ CONNECT

显示活动连接的所有信息。

序号	列	数据类型	说　　明
1	NAME	VARCHAR(128)	连接名称
2	SADDR	BIGINT	会话地址
3	CREATE_TIME	TIMESTAMP(0)	会话创建时间
4	STATUS $	VARCHAR(128)	连接状态
5	TYPE $	VARCHAR(128)	连接类型
6	PROTOCOL_TYPE	TINYINT	协议类型
7	IP_ADDR	VARCHAR(23)	IP 地址

2) V $ SESSIONS

显示会话的具体信息,如执行的 SQL 语句、主库名、当前会话状态、用户名等。

序号	列	数据类型	说　　明
1	SESS_ID	BIGINT	会话 ID
2	SESS_SEQ	INTEGER	会话序列号,用来唯一标识会话
3	SQL_TEXT	VARCHAR(1000)	取 SQL 的前 1000 个字符
4	STATE	VARCHAR(8)	会话状态。① CREATE,创建;② STARTUP,启动;③ IDLE,空闲;④ ACTIVE,活动;⑤ WAIT,等待;⑥ UNKNOWN,未知
5	N_STMT	INTEGER	STMT 的容量
6	N_USED_STMT	INTEGER	已使用的 STMT 数量
7	SEQ_NO	INTEGER	会话上语句的序列号
8	CURR_SCH	VARCHAR(128)	当前模式
9	USER_NAME	VARCHAR(128)	当前用户
10	TRX_ID	BIGINT	事务 ID
11	CREATE_TIME	DATETIME	会话创建时间
12	CLNT_TYPE	VARCHAR(128)	客户端类型(4 种)

序号	列	数据类型	说　　明
13	TIME_ZONE	VARCHAR(6)	时区
14	CHK_CONS	CHAR	是否忽略约束检查
15	CHK_IDENT	CHAR	是否忽略自增列指定列表检查
16	RDONLY	CHAR	是否为只读会话
17	INS_NULL	CHAR	列不存在默认（DEFAULT）选项，是否插入空值
18	COMPILE_FLAG	CHAR	是否忽略编译选项，用于视图、存储过程、触发器等的编译
19	AUTO_CMT	CHAR	是否自动提交
20	DDL_AUTOCMT	CHAR	DDL 语句是否自动提交
21	RS_FOR_QRY	CHAR	非查询语句生成结果集标记
22	CHK_NET	CHAR	是否检查网络
23	ISO_LEVEL	INTEGER	隔离级。①0，读未提交；②1，读提交；③2，可重复读；④3，串行化
24	CLNT_HOST	VARCHAR(128)	客户端主机名
25	APPNAME	VARCHAR(128)	应用程序名
26	CLNT_IP	VARCHAR(128)	客户端 IP
27	OSNAME	VARCHAR(128)	客户端操作系统名
28	CONN_TYPE	VARCHAR(20)	连接类型
29	VPOOLADDR	VARCHAR(128)	内存池的首地址
30	RUN_STATUS	VARCHAR(20)	记录运行状态，可能值为"IDLE"与"RUNNING"
31	MSG_STATUS	VARCHAR(20)	记录消息处理状态，可能值为"RECIEVE（已接受）"与"SEND（已发送）"
32	LAST_RECV_TIME	DATETIME	记录最近接收的消息时间
33	LAST_SEND_TIME	DATETIME	记录最近发送的消息时间
34	DCP_FLAG	CHAR(1)	①是否为通过 DCP_PORT 登录 DCP 服务器的会话（Y，是；N，否）；②是否为通过 DCP 代理连接到 MPP 的会话（Y，是；N，否）
35	THRD_ID	INTEGER	线程 ID

续表

序号	列	数 据 类 型	说　明
36	CONNECTED	INTEGER	连接是否正常。①1,连接正常;②0,连接已经关闭
37	PORT_TYPE	INTEGER	连接端口类型。①2,TCP 连接;②12,端口已经关闭;③13,UDP 连接
38	SRC_SITE	INTEGER	源节点。65535 表示本地会话,其他值代表 MPP 集群用户直接登录的节点号
39	MAL_ID	BIGINT	邮箱 ID
40	CONCURRENT_FLAG	INTEGER	是否占用了限流资源
41	CUR_LINENO	INTEGER	存储过程执行时记录当前的行号
42	CUR_MTDNAME	VARCHAR(128)	存储过程执行时记录当前的方法名
43	CUR_SQLSTR	VARCHAR(128)	存储过程执行时记录当前执行的 SQL 的前 100 个字符
44	CLNT_VER	VARCHAR(128)	登记登录接口程序的版本号

3) V＄SESSION_HISTORY

显示会话历史的记录信息,如主库名、用户名等,与 V＄SESSIONS 的区别在于会话历史只记录了会话一部分信息,没有记录一些动态改变的信息,如执行的 SQL 语句等。

序号	列	数 据 类 型	说　明
1	SESS_ID	BIGINT	会话 ID
2	SESS_SEQ	INTEGER	会话序列号。用来唯一标识会话
3	CURR_SCH	VARCHAR(128)	当前模式
4	USER_NAME	VARCHAR(128)	当前用户
5	CREATE_TIME	DATETIME	会话创建时间
6	CLNT_TYPE	VARCHAR(128)	客户类型(4 种)
7	TIME_ZONE	VARCHAR(6)	时区
8	RDONLY	CHAR	是否为只读会话
9	DDL_AUTOCMT	CHAR	DDL 语句是否自动提交
10	RS_FOR_QRY	CHAR	非查询语句生成结果集标记

序号	列	数据类型	说　　明
11	CHK_NET	CHAR	是否检查网络
12	CLNT_HOST	VARCHAR(128)	客户主库名
13	APPNAME	VARCHAR(128)	应用程序名
14	CLNT_IP	VARCHAR(128)	客户端 IP
15	OSNAME	VARCHAR(128)	客户端操作系统名
16	CONN_TYPE	VARCHAR(20)	连接类型

4）V＄CONTEXT

显示当前会话所有上下文的名字空间、属性和值。

序号	列	数据类型	说　　明
1	NAMESPACE	VARCHAR(30)	上下文名字空间
2	ATTRIBUTE	VARCHAR(30)	名字空间属性
3	VALUE	VARCHAR(4000)	属性值

8. SQL 执行相关

1）V＄SQL_HISTORY

当 INI 参数 ENABLE_MONITOR＝1 时，显示执行 SQL 的历史记录信息；可以方便用户保存经常使用的记录。

序号	列	数据类型	说　　明
1	SEQ_NO	INTEGER	序列号
2	SQL_ID	INTEGER	当前语句的 SQL ID
3	SESS_ID	BIGINT	会话 ID
4	SESS_SEQ	INTEGER	会话序列号，用来唯一标识会话
5	TRX_ID	BIGINT	事务 ID
6	THREAD_ID	BIGINT	线程 ID
7	TOP_SQL_TEXT	VARCHAR(1000)	栈帧中第一个 SQL
8	SEC_SQL_TEXT	VARCHAR(1000)	栈帧中第二个 SQL
9	THRD_SQL_TEXT	VARCHAR(1000)	栈帧中第三个 SQL

序号	列	数据类型	说　明
10	START_TIME	DATE_TIME	SQL 执行的起始时间
11	TIME_USED	BIGINT	SQL 执行所使用时间
12	IS_OVER	CHAR	是否结束
13	EXEC_ID	INTEGER	SQL 执行 ID
14	VM	BIGINT	执行 SQL 的虚拟机
15	STKFRM	BIGINT	当前的栈帧
16	STK_LEVEL	INTEGER	当前栈帧的级别
17	BYTES_DYNAMIC_ALLOCED	BIGINT	动态分配字节数
18	BYTES_DYNAMIC_FREED	BIGINT	动态释放字节数
19	CUR_SQL_NODE	BIGINT	当前的 SQL 节点
20	MAL_ID	BIGINT	邮件标识号
21	N_LOGIC_READ	INTEGER	语句逻辑读的次数
22	N_PHY_READ	INTEGER	语句物理读的次数
23	AFFECTED_ROWS	INTEGER	语句影响的行数
24	HARD_PARSE_FLAG	INTEGER	语句硬解析标记。①0,软解析;②1,语义解析;③2,硬解析
25	MPP_EXEC_ID	INTEGER	MPP 会话句柄上的执行序号。对于同一个会话,每个节点上的值相同

2）V＄SQL_NODE_HISTORY

通过该视图既可以查询 SQL 执行节点信息,包括 SQL 节点的类型、进入次数和使用时间等,又可以查询所有 SQL 节点执行情况,如哪些使用最频繁、耗时多少等。

当 INI 参数 ENABLE_MONITOR 和 MONITOR_SQL_EXEC 都开启时,才会记录 SQL 执行节点信息。如果需要时间统计信息,还需要打开 MONITOR_TIME。

序号	列	数据类型	说　明
1	SEQ_NO	INTEGER	序列号
2	EXEC_ID	INTEGER	执行 ID
3	NODE	BIGINT	节点 ID

序号	列	数据类型	说　　明
4	TYPE＄	INTEGER	节点类型
5	BYTES_DYNAMIC_ALLOCED	BIGINT	动态分配字节数
6	BYTES_DYNAMIC_FREED	BIGINT	动态释放字节数
7	N_ENTER	INTEGER	节点进入次数
8	TIME_USED	INTEGER	节点执行耗时
9	PLN_OP_ID	INTEGER	MPP 模式下,节点所属通讯操作符中的序号
10	BYTES_SEND	INTEGER	发送的字节数
11	BYTES_RECV	INTEGER	接收的字节数
12	ROWS_SEND	INTEGER	发送的行数
13	ROWS_RECV	INTEGER	接收的行数
14	BDTA_SEND	INTEGER	发送 BDTA 的次数
15	BDTA_RECV	INTEGER	接收 BDTA 的次数
16	MAL_ID	BIGINT	邮件标识号
17	MPP_EXEC_ID	INTEGER	MPP 会话句柄上的执行序号。对于同一个会话,每个节点上的值相同

3）V＄SQL_NODE_NAME

显示所有的 SQL 节点描述信息,包括 SQL 节点类型、名字和详细描述。

序号	列	数据类型	说　　明
1	TYPE＄	INTEGER	节点类型
2	NAME	VARCHAR(24)	节点的名字
3	DESC_CONTENT	VARCHAR(128)	节点的详细描述

9. 进程和线程

1）V＄PROCESS

显示当前进程信息。

序号	列	数据类型	说明
1	PID	INTEGER	进程 ID
2	PNAME	VARCHAR(256)	进程名
3	TRACE_NAME	VARCHAR(256)	SQL 日志路径。若 INI 参数 SVR_LOG 为 0,则值为空串
4	TYPE$	TINYINT	类型

2）V$THREADS

显示系统中所有活动线程的信息。

序号	列	数据类型	说明
1	ID	BIGINT	线程 ID
2	NAME	VARCHAR(128)	线程名
3	START_TIME	DATETIME	线程开始时间
4	THREAD_DESC	VARCHAR(1024)	线程描述

3）V$LATCHES

显示正在等待的线程信息。

序号	列	数据类型	说明
1	OBJECT	BIGINT	等待的对象
2	REQUEST_TYPE	CHAR	等待的锁类型:S 锁,X 锁。
3	THREAD_ID	BIGINT	等待线程 ID
4	N_READERS	INTEGER	读线程个数
5	WRITER	BIGINT	写线程 ID
6	N_WRITERS	INTEGER	写线程拥有该锁的次数
7	WRITE_WAITING	CHAR	是否有写线程在等待。如果有,则不让读线程进入
8	N_READERS_WAIT	INTEGER	读等待个数
9	N_WRITERS_WAIT	INTEGER	写等待个数
10	N_IO_WAIT	INTEGER	I/O 等待个数
11	SPACE_ID	INTEGER	页面缓冲控制信息的表空间 ID

序号	列	数 据 类 型	说　　明
12	FILE_ID	INTEGER	页面缓冲控制信息的文件 ID
13	PAGE_NO	INTEGER	数据在文件中的页号

10. 系统信息

1）V＄SYSTEMINFO

系统信息视图。

序号	列	数 据 类 型	说　　明
1	N_CPU	INTEGER	CPU 个数
2	TOTAL_PHY_SIZE	BIGINT	物理内存总大小
3	FREE_PHY_SIZE	BIGINT	剩余物理内存大小
4	TOTAL_VIR_SIZE	BIGINT	虚拟内存总大小
5	FREE_VIR_SIZE	BIGINT	剩余虚拟内存大小
6	TOTAL_DISK_SIZE	BIGINT	磁盘总大小
7	FREE_DISK_SIZE	BIGINT	剩余磁盘大小
8	DRIVER_NAME	VARCHAR(5)	驱动器名称
9	DRIVER_TOTAL_SIZE	BIGINT	驱动器总空间大小
10	DRIVER_FREE_SIZE	BIGINT	驱动器剩余空间大小
11	LOAD_ONE_AVERAGE	FLOAT	每分钟平均负载
12	LOAD_FIVE_AVERAGE	FLOAT	每五分钟平均负载
13	LOAD _ FIFTEEN _ AVERAGE	FLOAT	每十五分钟平均负载
14	CPU_USER_RATE	FLOAT	用户级的 CPU 使用率
15	CPU_SYSTEM_RATE	FLOAT	用户级的 CPU 使用率
16	CPU_IDLE_RATE	FLOAT	用户级的 CPU 使用率
17	SEND_BYTES_TOTAL	BIGINT	发送的总字节数
18	RECEIVE _ BYTES _ TOTAL	BIGINT	接收的总字节数
19	SEND _ BYTES _ PER _ SECOND	BIGINT	当前每秒发送字节数

序号	列	数 据 类 型	说　　明
20	RECEIVE_BYTES_PER_SECOND	BIGINT	当前每秒接收字节数
21	SEND_PACKAGES_PER_SECOND	BIGINT	当前每秒发送数据包数
22	RECEIVE_PACKAGES_PER_SECOND	BIGINT	当前每秒接收数据包数

2）V$CMD_HISTORY

通过本视图可以观察系统的一些命令的历史信息。其中 CMD 指的是 SESS_ALLOC、SESS_FREE、CKPT、TIMER_TRIG、SERERR_TRIG、LOG_REP、MAL_LETTER、CMD_LOGIN 等。

序号	列	数 据 类 型	说　　明
1	CMD	VARCHAR(24)	命令
2	THREAD_ID	BIGINT	线程 ID
3	SESS_ID	BIGINT	会话 ID
4	SESS_SEQ	INTEGER	会话序列号。用来唯一标识会话
5	TRX_ID	BIGINT	事务 ID
6	STMT_ID	INTEGER	语句 ID
7	START_TIME	DATETIME	命令开始时间
8	TIME_USED	BIGINT	命令从开始执行到结束执行花费的时间

附录 C　ORACLE 兼容视图

为了提高 DM 与 ORACLE 的兼容性，DM 提供了一些视图。

1. DBA_ROLES

显示系统中所有的角色。

序号	列	数据类型	说　　明
1	ROLE	VARCHAR(128)	角色名
2	PASSWORD_REQUIRED	VARCHAR(1)	是否需要 ROLE 密码。DM 不支持,值为 NULL
3	AUTHENTICATION_TYPE	VARCHAR(1)	角色的验证机制。DM 只支持 CREATE ROLE ROLE1 的方式,取值为 NULL

2. DBA_TAB_PRIVS

显示系统中所有用户的数据库对象权限信息。

序号	列	数据类型	说　　明
1	GRANTEE	VARCHAR(128)	被授权用户名
2	OWNER	VARCHAR(128)	对象的拥有者
3	TABLE_NAME	VARCHAR(128)	对象名
4	GRANTOR	VARCHAR(128)	授权者
5	PRIVILEGE	VARCHAR(32767)	权限名称
6	GRANTABLE	VARCHAR(3)	权限是否可转授:YES,可转授;NO,不可转授
7	HIERARCHY	VARCHAR(2)	权限是否以有 HIERARCHY OPTION 的方式授予。DM 机制不支持的功能项,取值为 NO

3. USER_TAB_PRIVS

显示当前用户作为对象拥有者、授权者或被授权者的数据库对象权限。结构同 DBA_TAB_PRIVS。

4. ALL_TAB_PRIVS

显示当前用户可见的,数据库对象的权限。结构同 DBA_TAB_PRIVS。

5．DBA_SYS_PRIVS

显示系统中所有传授给用户和角色的权限。

序号	列	数 据 类 型	说　　明
1	GRANTEE	VARCHAR(128)	被授权用户名
2	PRIVILEGE	VARCHAR(32767)	权限名称
3	ADMIN_OPTION	VARCHAR(3)	是否可以转授：YES,可转授；NO,不可转授

6．USER_SYS_PRIVS

传授给当前用户的系统权限。

序号	列	数 据 类 型	说　　明
1	USERNAME	VARCHAR(128)	用户名
2	PRIVILEGE	VARCHAR(32767)	权限名称
3	ADMIN_OPTION	VARCHAR(3)	是否可转授：YES,可转授；NO,不可转授

7．DBA_USERS

显示系统中所有的用户。

序号	列	数 据 类 型	说　　明
1	USERNAME	VARCHAR(128)	用户名
2	USER_ID	INT	用户 ID
3	PASSWORD	VARCHAR(128)	密码
4	ACCOUNT_STATUS	VARCHAR(24)	账 号 状 态：OPEN、EXRIRYED(GRACE) & LOCKED,EXRIRYED & LOCKED、LOCKED、EXPIRED、EXPIRED(GRACE)
5	LOCK_DATE	DATETIME(0)	如果用户被锁定,锁定开始的时间
6	EXPIRY_DATE	DATETIME(6)	密码有效期限

序号	列	数 据 类 型	说　　明
7	DEFAULT_TABLESPACE	VARCHAR(128)	默认表空间
8	TEMPORARY_TABLESPACE	VARCHAR(4)	默认临时表空间,DM 为"TEMP"
9	CREATED	DATETIME(6)	创建时间
10	PROFILE	VARCHAR(32767)	表空间所在路径
11	INITIAL_RSRC_CONSUMER_GROUP	VARCHAR(1)	初始资源所在组
12	EXTERNAL_NAME	VARCHAR(1)	用户外部名称,目前为 NULL
13	PASSWORD_VERSIONS	VARCHAR(20)	密码版本
14	EDITIONS_ENABLED	VARCHAR(1)	是否只读:Y,是;N,否
15	AUTHENTICATION_TYPE	VARCHAR(19)	用户登录验证类型
16	NOWDATE	DATETIME(6)	当前日期时刻

8. ALL_USERS

当前用户可见的所用用户。ALL_USERS 的信息均来自 DBA_USERS。

序号	列	数 据 类 型	说　　明
1	USERNAME	VARCHAR(128)	用户名
2	USER_ID	INT	用户 ID
3	CREATED	DATETIME(6)	创建时间

9. USER_USERS

当前用户。

序号	列	数 据 类 型	说　　明
1	USERNAME	VARCHAR(128)	用户名
2	USER_ID	INT	用户 ID
3	ACCOUNT_STATUS	VARCHAR(24)	账号状态：OPEN、EXRIRYED (GRACE) & LOCKED、EXRIRYED & LOCKED、 LOCKED、 EXPIRED、 EXPIRED(GRACE)
4	LOCK_DATE	DATETIME(0)	如果为 LOCK 状态，则 LOCK 时间段内该值为 NULL
5	EXPIRY_DATE	DATETIME(6)	密码失效时间。目前为 NULL
6	DEFAULT_ TABLESPACE	VARCHAR(1)	默认表空间
7	TEMPORARY_ TABLESPACE	VARCHAR(1)	默认临时表空间。DM 为"TEMP"
8	CREATED	VARCHAR(1)	创建时间
9	INITIAL_RSRC_ CONSUMER_ GROUP	VARCHAR(1)	初始资源所在组。该视图中为 NULL
10	EXTERNAL_NAME	VARCHAR(1)	用户外部名称。该视图中为 NULL

10. DBA_ROLE_PRIVS

系统中的所有角色权限。

序号	列	数 据 类 型	说　　明
1	GRANTEE	VARCHAR(128)	被授权用户名或角色名
2	GRANTED_ROLE	VARCHAR(128)	被授予的角色
3	ADMIN_OPTION	VARCHAR(3)	是否可以转授
4	DEFAULT_ROLE	VARCHAR(1)	是否为默认角色；Y，是；N，否。目前都为 NULL

11. USER_ROLE_PRIVS

传授给当前用户的角色。

序号	列	数据类型	说　　明
1	USERNAME	VARCHAR(128)	被授权用户名
2	GRANTED_ROLE	VARCHAR(128)	被授予的角色
3	ADMIN_OPTION	VARCHAR(3)	是否可以转授:Y,是;N,否
4	DEFAULT_ROLE	VARCHAR(1)	是否为默认角色。DM 均为 NULL
5	OS_GRANTED	VARCHAR(1)	是否由操作系统授权。DM 均为 NULL

12. ALL_CONSTRAINTS

当前用户拥有的所有约束信息。

序号	列	数据类型	说　　明
1	OWNER	VARCHAR(128)	约束拥有者
2	CONSTRAINT_NAME	VARCHAR(128)	约束名
3	CONSTRAINT_TYPE	VARCHAR(1)	约束类型。①C:表上的检查约束;②P:主键约束;③U:唯一约束;④R:引用列;⑤V:视图上的检查约束
4	TABLE_NAME	VARCHAR(128)	约束所在的表名或视图名
5	SEARCH_CONDITION	VARCHAR(2048)	CHECK 约束的条件
6	R_OWNER	VARCHAR(128)	引用约束所引用的表的拥有者
7	R_CONSTRAINT_NAME	VARCHAR(128)	引用约束所引用的表上的唯一约束的名称
8	DELETE_RULE	VARCHAR(9)	引用约束的删除规则。DM 支持如下规则：CASCADE、SET NULL、SET DEFAULT、NO ACTION
9	STATUS	VARCHAR(8)	约束的状态：① ENABLED:可用;② DISABLED:不可用
10	DEFERRABLE	VARCHAR(14)	约束是否延迟生效:①DEFERRABLE:延迟生效;②NOT DEFERRABLE:不延迟生效

序号	列	数 据 类 型	说　　明
11	DEFERRED	VARCHAR(9)	约束是否初始为延迟生效。① DEFERRED:生效;②IMMEDIATE:不生效
12	VALIDATED	VARCHAR(13)	是否所有数据都符合约束:① VALIDATED:符合;② NOT VALIDATED:不符合
13	GENERATED	VARCHAR(14)	约束名是用户指定的(USER NAME),还是系统指定的(GENERATED NAME)。DM均为NULL
14	BAD	VARCHAR(3)	约束所指定的时间格式(TO_DATE)是否可以引起歧义。①BAD:会引起歧义;② NULL:不会引起歧义。DM均为NULL
15	RELY	VARCHAR(4)	约束是否为强制的。①RELY:强制;② NULL:非强制。DM均为NULL
16	LAST_CHANGE	DATETIME(6)	约束的最后修改时间
17	INDEX_OWNER	VARCHAR(128)	索引的所有者
18	INDEX_NAME	VARCHAR(128)	索引名。只对唯一约束和主键约束有效
19	INVALID	VARCHAR(7)	约束是否为无效的。①INVALID:无效的;②NULL:有效的
20	VIEW_RELATED	VARCHAR(14)	约束依赖视图。① DEPEND ON VIEW:依赖视图;②NULL:不依赖视图。DM均为NULL

13. DBA_CONSTRAINTS

系统中所有的约束信息,结构同 ALL_CONSTRAINTS。

14. USER_CONSTRAINTS

当前用户所拥有的表上定义的约束,结构同 ALL_CONSTRAINTS。

15．DBA_TABLES

用户能够看到的所有表。

序号	列	数 据 类 型	说　　明
1	OWNER	VARCHAR(128)	表拥有者
2	TABLE_NAME	VARCHAR(128)	表名
3	TABLESPACE_NAME	VARCHAR(128)	表所在表空间名。对于分区表,临时表和索引组织表为 NULL
4	CLUSTER_NAME	VARCHAR(1)	聚簇名
5	IOT_NAME	VARCHAR(128)	索引组织表名
6	STATUS	VARCHAR(8)	表 的 状 态（① UNUSABLE,无 效;② VALID:有效）
7	PCT_FREE	NUMBER	块的最小空闲百分比。分区表为 NULL
8	PCT_USED	NUMBER	块 的 最 小 使 用 百 分 比。分 区 表 为 NULL
9	INI_TRANS	NUMBER	初始事务数。分区表为 NULL
10	MAX_TRANS	NUMBER	最大事务数。分区表为 NULL
11	INITIAL_EXTENT	NUMBER	初始簇大小（单位:字节）。分区表为 NULL
12	NEXT_EXTENT	NUMBER	下一个簇的大小（单位:字节）。分区表为 NULL
13	MIN_EXTENTS	NUMBER	最小簇大小。分区表为 NULL
14	MAX_EXTENTS	NUMBER	最大簇大小。分区表为 NULL
15	PCT_INCREASE	NUMBER	簇的增长百分比。分区表为 NULL
16	FREELISTS	NUMBER	空闲链的分配个数。分区表为 NULL
17	FREELIST_GROUPS	NUMBER	空闲链组的分配个数。分区表为 NULL。DM 不支持,返回 NULL
18	LOGGING	VARCHAR(1)	表的变化是否需要记录日志（Y,是;N,否）。分区表为 NULL。DM 不支持,返回 NULL
19	BACKED_UP	VARCHAR(1)	最后一次修改后表是否已备份（Y,是;N,否）

序号	列	数据类型	说　明
20	NUM_ROWS	NUMBER	表里的记录数
21	BLOCKS	NUMBER	表中已使用的块的数目
22	EMPTY_BLOCKS	NUMBER	表中未使用的块的数目
23	AVG_SPACE	NUMBER	每个数据块的平均空闲空间。单位:字节
24	CHAIN_CNT	NUMBER	表中已被链接数据的行数
25	AVG_ROW_LEN	NUMBER	表中每行数据的平均长度。DM 不支持,返回 NULL
26	AVG _ SPACE _ FREELIST _BLOCKS	NUMBER	一条链上所有块的平均空闲空间,兼容用。DM 不支持,返回 NULL
27	NUM _ FREELIST _ BLOCKS	NUMBER	链上所有块的数量,兼容用。DM 不支持,返回 NULL
28	DEGREE	VARCHAR(1)	每个实例扫描表的线程数,兼容用。DM 不支持,返回 NULL
29	INSTANCES	VARCHAR(1)	扫描全表需要访问的实例数。DM 不支持
30	CACHE	VARCHAR(1)	表是否被 BUFFER CACHE 缓存(Y,是;N,否)
31	TABLE_LOCK	VARCHAR(8)	表锁是否可用(ENABLED,可用;DISABLED,不可用)
32	SAMPLE_SIZE	NUMBER	分析该表时的取样大小
33	LAST_ANALYZED	DATE	最后分析表的时间
34	PARTITIONED	VARCHAR(3)	是否为分区表(YES,是;NO,否)
35	IOT_TYPE	VARCHAR(8)	堆表为 NULL,其他类型表为 IOT
36	TEMPORARY	VARCHAR(1)	是否为临时表(Y,是;N,否)
37	SECONDARY	VARCHAR(1)	DM 无意义,返回 NULL
38	NESTED	VARCHAR(1)	是否为嵌套表(YES,是;NO,否)
39	BUFFER_POOL	VARCHAR(1)	表的缓冲池(DEFAULT、KEEP、RECYCLE、NULL)。分区表为 NULL
40	FLASH_CACHE	VARCHAR(7)	FLASH_CACHE信息。DM 无意义,返回 NULL

序号	列	数 据 类 型	说　　明
41	CELL ＿ FLASH ＿ CACHE	VARCHAR(7)	CELL_FLASH_CACHE 信息。DM 无意义,返回 NULL
42	ROW_MOVEMENT	VARCHAR(7)	是否允许移动分区记录(ENABLED,允许;DISABLED,不允许)
43	GLOBAL_STATS	VARCHAR(3)	分区的统计是来源于分区表(YES),还是通过子分区估计所得(NO)
44	USER_STATS	VARCHAR(2)	用户是否可以直接访问分区的统计信息(YES,是;NO,否)
45	DURATION	VARCHAR(15)	临时表的生命期(SYS＄SESSION,整个会话期间;SYS＄TRANSACTION,COMMIT 操作后立即删除)
46	SKIP_CORRUPT	VARCHAR(1)	兼容列用。DM 无意义,返回 NULL
47	MONITORING	VARCHAR(1)	表是否配置了监视属性(YES,是;NO,否)
48	CLUSTER_OWNER	VARCHAR(1)	聚簇的所有者
49	DEPENDENCIES	VARCHAR(1)	创建表时是否指定 ROWDEPENDENCIES 属性。DM 无意义,返回 NULL
50	COMPRESSION	VARCHAR(8)	表是否压缩(ENABLED,是;DISABLED,否)。分区表为 NULL
51	COMPRESS_FOR	VARCHAR(1)	压缩选项:BASIC、OLTP、QUERY LOW、QUERY HIGH、ARCHIVE LOW、ARCHIVE HIGH、NULL
52	DROPPED	VARCHAR(1)	表是否已被删除并且还可以回滚(YES,是;NO,否)。分区表为 NULL
53	READ_ONLY	VARCHAR(1)	表是否为只读的(YES,是;NO,否)
54	SEGMENT_ CREATED	VARCHAR(3)	表的段是否被创建(YES,是;NO,否)
55	RESULT_CACHE	VARCHAR(7)	结果集缓存模式的注释:DEFAULT(表还没有被注释)、FORCE(强制注释)、MANUAL(手动注释)

16．ALL_TABLES

当前用户能够访问的表,结构同 DBA_TABLES。

17．USER_TABLES

当前用户所拥有的表,结构同 DBA_TABLES,没有 OWNER 列。

18．USER_ALL_TABLES

当前用户所拥有的表。

序号	列	数据类型	说　明
1	TABLE_NAME	VARCHAR(128)	表名
2	TABLESPACE_NAME	VARCHAR(128)	表所在表空间名。对于分区表,临时表和索引组织表为 NULL
3	CLUSTER_NAME	VARCHAR(1)	聚簇名
4	IOT_NAME	VARCHAR(128)	索引组织表名
5	STATUS	VARCHAR(8)	表的状态:UNUSABLE,无效;VALID,有效
6	PCT_FREE	NUMBER	块的最小空闲百分比。分区表为 NULL
7	PCT_USED	NUMBER	块的最小使用百分比。分区表为 NULL
8	INI_TRANS	NUMBER	初始事务数。分区表为 NULL
9	MAX_TRANS	NUMBER	最大事务数。分区表为 NULL
10	INITIAL_EXTENT	NUMBER	初始簇大小(单位:字节)。分区表为 NULL
11	NEXT_EXTENT	NUMBER	下一个簇的大小(单位:字节)。分区表为 NULL
12	MIN_EXTENTS	NUMBER	最小簇大小。分区表为 NULL
13	MAX_EXTENTS	NUMBER	最大簇大小。分区表为 NULL
14	PCT_INCREASE	NUMBER	簇的增长百分比。分区表为 NULL
15	FREELISTS	NUMBER	空闲链的分配个数。分区表为 NULL

续表

序号	列	数据类型	说　　明
16	FREELIST_GROUPS	NUMBER	空闲链组的分配个数。分区表为NULL。DM 不支持,返回 NULL
17	LOGGING	VARCHAR(1)	表的变化是否需要记录日志:Y,是;N,否。分区表为 NULL。DM 不支持,返回 NULL
18	BACKED_UP	VARCHAR(1)	最后一次修改后表是否已备份:Y,是;N,否
19	NUM_ROWS	NUMBER	表里的记录数
20	BLOCKS	NUMBER	表中已使用的块的数目
21	EMPTY_BLOCKS	NUMBER	表中未使用的块的数目
22	AVG_SPACE	NUMBER	每个数据块的平均空闲空间(单位:字节)
23	CHAIN_CNT	NUMBER	表中已被链接数据的行数
24	AVG_ROW_LEN	NUMBER	表中每行数据的平均长度。DM 不支持,返回 NULL
25	AVG _ SPACE _ FREELIST _BLOCKS	NUMBER	一条链上所有块的平均空闲空间,兼容用。DM 不支持,返回 NULL
26	NUM _ FREELIST _ BLOCKS	NUMBER	链上所有块的数量,兼容用。DM 不支持,返回 NULL
27	DEGREE	VARCHAR(1)	每个实例扫描表的线程数,兼容用。DM 不支持,返回 NULL
28	INSTANCES	VARCHAR(1)	扫描全表需要访问的实例数,DM 不支持
29	CACHE	VARCHAR(1)	表是否被 BUFFER CACHE 缓存。Y,是;N,否
30	TABLE_LOCK	VARCHAR(8)	表锁是否可用:ENABLED,可用;DISABLED,不可用
31	SAMPLE_SIZE	NUMBER	分析该表时的取样大小
32	LAST_ANALYZED	DATE	最后分析表的时间
33	PARTITIONED	VARCHAR(3)	是否为分区表:YES,是;NO,否
34	IOT_TYPE	VARCHAR(8)	堆表为 NULL,其他类型表为 IOT

续表

序号	列	数据类型	说明
35	OBJECT_ID_TYPE	VARCHAR(1)	是用户定义的,还是系统定义的。DM 不支持
36	TABLE_TYPE_OWNER	VRACHAR(1)	对象表的所有者。DM 不支持
37	TABLE_TYPE	VARCHAR(1)	对象表类型。DM 不支持
38	TEMPORARY	VARCHAR(1)	是否为临时表:Y,是;N,否
39	SECONDARY	VARCHAR(1)	DM 无意义,返回 NULL
40	NESTED	VARCHAR(1)	是否为嵌套表:YES,是;NO,否
41	BUFFER_POOL	VARCHAR(1)	表的缓冲池:DEFAULT、KEEP、RECYCLE、NULL。分区表为 NULL
42	FLASH_CACHE	VARCHAR(7)	FLASH_CACHE 信息。DM 无意义,返回 NULL
43	CELL_FLASH_CACHE	VARCHAR(7)	CELL_FLASH_CACHE 信息。DM 无意义,返回 NULL
44	ROW_MOVEMENT	VARCHAR(7)	是否允许移动分区记录:ENABLED,允许;DISABLED,不允许
45	GLOBAL_STATS	VARCHAR(3)	分区的统计是来源于分区表(YES),还是通过子分区估计所得(NO)
46	USER_STATS	VARCHAR(2)	用户是否可以直接访问分区的统计信息:YES,是;NO,否
47	DURATION	VARCHAR(15)	临时表的生命期:SYS $ SESSION,整个会话期间;SYS $ TRANSACTION,COMMIT 操作后立即删除
48	SKIP_CORRUPT	VARCHAR(1)	兼容列用。DM 无意义,返回 NULL
49	MONITORING	VARCHAR(1)	表是否配置了监视属性:YES,是;NO,否
50	CLUSTER_OWNER	VARCHAR(1)	聚簇的所有者
51	DEPENDENCIES	VARCHAR(1)	创建表时是否指定 ROWDEPENDENCIES 属性。对 DM 无意义,则返回 NULL

序号	列	数 据 类 型	说　　明
52	COMPRESSION	VARCHAR(8)	表是否压缩：ENABLED，是；DISABLED,否。分区表为 NULL
53	COMPRESS_FOR	VARCHAR(1)	压缩选项：BASIC、OLTP、QUERY LOW、QUERY HIGH、ARCHIVE LOW、ARCHIVE HIGH、NULL
54	DROPPED	VARCHAR(1)	表是否已被删除并且还可以回滚：YES，是；NO,否。分区表为 NULL
55	SEGMENT_CREATED	VARCHAR(3)	表的段是否被创建：YES,是；NO,否

19. ALL_ALL_TABLES

当前用户能够访问的表。

序号	列	数 据 类 型	说　　明
1	OWNER	VARCHAR(128)	表拥有者
2	TABLE_NAME	VARCHAR(128)	表名
3	TABLESPACE_NAME	VARCHAR(128)	表所在表空间名。对于分区表,临时表和索引组织表为 NULL
4	CLUSTER_NAME	VARCHAR(1)	聚簇名
5	IOT_NAME	VARCHAR(128)	索引组织表名
6	STATUS	VARCHAR(8)	表的状态：UNUSABLE,无效；VALID,有效
7	PCT_FREE	NUMBER	块的最小空闲百分比。分区表为 NULL
8	PCT_USED	NUMBER	块的最小使用百分比。分区表为 NULL
9	INI_TRANS	NUMBER	初始事务数。分区表为 NULL
10	MAX_TRANS	NUMBER	最大事务数。分区表为 NULL
11	INITIAL_EXTENT	NUMBER	初始簇大小(单位:字节)。分区表为 NULL
12	NEXT_EXTENT	NUMBER	下一个簇的大小(单位:字节)。分区表为 NULL
13	MIN_EXTENTS	NUMBER	最小簇大小。分区表为 NULL

序号	列	数据类型	说　明
14	MAX_EXTENTS	NUMBER	最大簇大小。分区表为 NULL
15	PCT_INCREASE	NUMBER	簇的增长百分比。分区表为 NULL
16	FREELISTS	NUMBER	空闲链的分配个数。分区表为 NULL
17	FREELIST_GROUPS	NUMBER	空闲链组的分配个数。分区表为 NULL。DM 不支持,返回 NULL
18	LOGGING	VARCHAR(1)	表的变化是否需要记录日志:Y,是;N,否。分区表为 NULL。DM 不支持,返回 NULL
19	BACKED_UP	VARCHAR(1)	最后一次修改后表是否已备份:Y,是;N,否
20	NUM_ROWS	NUMBER	表里的记录数
21	BLOCKS	NUMBER	表中已使用的块的数目
22	EMPTY_BLOCKS	NUMBER	表中未使用的块的数目
23	AVG_SPACE	NUMBER	每个数据块的平均空闲空间(单位:字节)
24	CHAIN_CNT	NUMBER	表中已被链接数据的行数
25	AVG_ROW_LEN	NUMBER	表中每行数据的平均长度。DM 不支持,返回 NULL
26	AVG_SPACE_FREELIST_BLOCKS	NUMBER	一条链上所有块的平均空闲空间,兼容用。DM 不支持,返回 NULL
27	NUM_FREELIST_BLOCKS	NUMBER	链上所有块的数量,兼容用。DM 不支持,返回 NULL
28	DEGREE	VARCHAR(1)	每个实例扫描表的线程数,兼容用。DM 不支持,返回 NULL
29	INSTANCES	VARCHAR(1)	扫描全表需要访问的实例数。DM 不支持
30	CACHE	VARCHAR(1)	表是否被 BUFFER CACHE 缓存:Y,是;N,否
31	TABLE_LOCK	VARCHAR(8)	表锁是否可用:ENABLED,可用;DISABLED,不可用
32	SAMPLE_SIZE	NUMBER	分析该表时的取样大小

序号	列	数 据 类 型	说　　明
33	LAST_ANALYZED	DATE	最后分析表的时间
34	PARTITIONED	VARCHAR(3)	是否为分区表:YES,是;NO,否
35	IOT_TYPE	VARCHAR(8)	堆表为 NULL,其他类型表为 IOT
36	OBJECT_ID_TYPE	VARCHAR(1)	是用户定义的,还是系统定义的。DM 不支持
37	TABLE _ TYPE _ OWNER	VRACHAR(1)	对象表的所有者。DM 不支持
38	TABLE_TYPE	VARCHAR(1)	对象表类型。DM 不支持
39	TEMPORARY	VARCHAR(1)	是否为临时表:Y,是;N,否
40	SECONDARY	VARCHAR(1)	DM 无意义,返回 NULL
41	NESTED	VARCHAR(1)	是否为嵌套表:YES,是;NO,否
42	BUFFER_POOL	VARCHAR(1)	表 的 缓 冲 池:DEFAULT、KEEP、RECYCLE、NULL。分区表为 NULL
43	FLASH_CACHE	VARCHAR(7)	FLASH_CACHE 信息。DM 无意义,返回 NULL
44	CELL _ FLASH _ CACHE	VARCHAR(7)	CELL_FLASH_CACHE 信息。DM 无意义,返回 NULL
45	ROW_MOVEMENT	VARCHAR(7)	是否允许移动分区记录:ENABLED,允许;DISABLED,不允许
46	GLOBAL_STATS	VARCHAR(3)	分区的统计是来源于分区表(YES),还是通过子分区估计所得(NO)
47	USER_STATS	VARCHAR(2)	分区的统计信息用户是否可以直接访问:YES,是;NO,否
48	DURATION	VARCHAR(15)	临时表的生命期。SYS $ SESSION,整个会话期间;SYS $ TRANSACTION,COMMIT 操作后立即删除
49	SKIP_CORRUPT	VARCHAR(1)	兼容列用。DM 无意义,返回 NULL
50	MONITORING	VARCHAR(1)	表是否配置了监视属性:YES,是;NO,否
51	CLUSTER_OWNER	VARCHAR(1)	聚簇的所有者

续表

序号	列	数据类型	说　明
52	DEPENDENCIES	VARCHAR(1)	创建表时是否指定ROWDEPENDENCIES属性。DM无意义，返回NULL
53	COMPRESSION	VARCHAR(8)	表是否压缩：ENABLED，是；DISABLED，否。分区表为NULL
54	COMPRESS_FOR	VARCHAR(1)	压缩选项：BASIC、OLTP、QUERY LOW、QUERY HIGH、ARCHIVE LOW、ARCHIVE HIGH、NULL
55	DROPPED	VARCHAR(1)	表是否已被删除并且还可以回滚：YES，是；NO，否。分区表为NULL
56	SEGMENT_CREATED	VARCHAR(3)	表的段是否被创建：YES，是；NO，否

20．USER_TAB_COLS

当前用户所拥有的表、视图或聚簇的列。

序号	列	数据类型	说　明
1	TABLE_NAME	VARCHAR(128)	表、视图或聚簇的名字
2	COLUMN_NAME	VARCHAR(128)	列名
3	DATA_TYPE	VARCHAR(128)	列类型名
4	DATA_TYPE_MOD	VARCHAR(3)	DM不支持的属性，取值为NULL
5	DATA_TYPE_OWNER	VARCHAR(128)	列数据类型的所有者
6	DATA_LENGTH	NUMBER	列长度。单位：字节
7	DATA_PRECISION	NUMBER	精度
8	DATA_SCALE	NUMBER	刻度
9	NULLABLE	VARCHAR(1)	是否允许为NULL：Y，是；N，否
10	COLUMN_ID	NUMBER	列序号（从1开始）
11	DEFAULT_LENGTH	NUMBER	默认值长度
12	DATA_DEFAULT	TEXT	默认值

序号	列	数据类型	说　　明
13	NUM_DISTINCT	NUMBER	不同值的个数
14	LOW_VALUE	VARBINARY(32)	列最小值
15	HIGH_VALUE	VARBINARY(32)	列最大值
16	DENSITY	NUMBER	列的密度
17	NUM_NULLS	NUMBER	NULL 值的个数
18	NUM_BUCKETS	NUMBER	直方图槽数
19	LAST_ANALYZED	DATETIME(6)	最后一次分析的时间
20	SAMPLE_SIZE	NUMBER	取样大小
21	CHARACTER_SET_NAME	VARCHAR(44)	字符集名字(CHAR_CS、NCHAR_CS)
22	CHAR_COL_DECL_LENGTH	NUMBER	列数据字符类型长度
23	GLOBAL_STATS	VARCHAR(3)	对于分区表,统计信息是作为一个整体搜集(YES),还是通过分区和子分区来估算(NO)
24	USER_STATS	VARCHAR(3)	统计信息生成是否通过手动:YES,是;NO,否
25	AVG_COL_LEN	NUMBER	列数据的平均长度(单位:字节)
26	CHAR_LENGTH	NUMBER	显示时的字符长度。对下述类型字符有效: CHAR、 VARCHAR、 NCHAR、NVARCHAR
27	CHAR_USED	VARCHAR(1)	列为字节(B)长度或字符(C)长度,或为NULL。对下述类型字符有效:CHAR、VARCHAR、NCHAR、NVARCHAR
28	V80_FMT_IMAGE	VARCHAR(3)	列数据是否为 8.0 版本的 IMAGE 格式:YES,是;NO,否
29	DATA_UPGRADED	VARCHAR(3)	列数据是否已经更新为最新的类型版本格式:YES,是;NO,否
30	HIDDEN_COLUMN	VARCHAR(3)	是否为一个隐藏列:YES,是;NO,否
31	VIRTUAL_COLUMN	VARCHAR(3)	是否为一个伪列:YES,是;NO,否

序号	列	数据类型	说　　明
32	SEGMENT_COLUMN_ID	NUMBER	列在段中的序号
33	INTERNAL_COLUMN_ID	NUMBER	列的内部序号
34	HISTOGRAM	VARCHAR(15)	直方图类型。DM 不支持,返回 NULL
35	QUALIFIED _ COL _ NAME	VARCHAR(4000)	合格的列名

21．DBA_TAB_COLUMNS

显示数据库中所有表、视图或聚簇的列。

序号	列	数据类型	说　　明
1	OWNER	VARCHAR(128)	对象的模式名
2	TABLE_NAME	VARCHAR(128)	表、视图或聚簇的名字
3	COLUMN_NAME	VARCHAR(128)	列名
4	DATA_TYPE	VARCHAR(128)	列类型名
5	DATA_TYPE_MOD	VARCHAR(1)	DM 不支持的属性,取值为 NULL
6	DATA_TYPE_OWNER	VARCHAR(1)	列数据类型的所有者
7	DATA_LENGTH	NUMBER	列长度(单位:字节)
8	DATA_PRECISION	NUMBER	精度
9	DATA_SCALE	NUMBER	刻度
10	NULLABLE	VARCHAR(1)	是否允许为 NULL:Y,是;N,否
11	COLUMN_ID	NUMBER	列序号(从 1 开始)
12	DEFAULT_LENGTH	NUMBER	默认值长度
13	DATA_DEFAULT	VARCHAR(2048)	默认值
14	NUM_DISTINCT	NUMBER	不同值的个数
15	LOW_VALUE	VARCHAR(1)	列最小值
16	HIGH_VALUE	VARCHAR(1)	列最大值

续表

序号	列	数据类型	说　明
17	DENSITY	NUMBER	列的密度
18	NUM_NULLS	NUMBER	NULL 值的个数
19	NUM_BUCKETS	NUMBER	直方图槽数
20	LAST_ANALYZED	DATE	最后一次分析的时间
21	SAMPLE_SIZE	NUMBER	取样大小
22	CHARACTER_SET_NAME	VARCHAR(8)	字符集名字(CHAR_CS、NCHAR_CS)
23	CHAR_COL_DECL_LENGTH	NUMBER	列数据字符类型长度
24	GLOBAL_STATS	VARCHAR(3)	对于分区表,统计信息是作为一个整体搜集(YES),还是通过分区和子分区来估算(NO)
25	USER_STATS	VARCHAR(2)	统计信息生成是否通过手动:YES,是;NO,否
26	AVG_COL_LEN	NUMBER	列数据的平均长度(单位:字节)
27	CHAR_LENGTH	NUMBER	显示时的字符长度。对下述类型有效:CHAR、VARCHAR、NCHAR、NVARCHAR
28	CHAR_USED	VARCHAR(1)	列为字节(B)长度或字符(C)长度,或为NULL。对下述类型有效:CHAR、VARCHAR、NCHAR、NVARCHAR
29	V80_FMT_IMAGE	VARCHAR(1)	列数据是否为 8.0 版本的 IMAGE 格式:YES,是;NO,否
30	DATA_UPGRADED	VARCHAR(1)	列数据是否已经更新为最新的类型版本格式:YES,是;NO,否
31	HISTOGRAM	VARCHAR(1)	直方图类型。DM 不支持,返回 NULL

22. ALL_TAB_COLUMNS

显示当前用户能够访问的表、视图或聚簇的列。表结构同 DBA＿TAB＿COLUMNS。

23．USER_TAB_COLUMNS

显示当前用户所拥有的表、视图或聚簇的列。

序号	列	数 据 类 型	说　　明
1	TABLE_NAME	VARCHAR(128)	表、视图或聚簇的名字
2	COLUMN_NAME	VARCHAR(128)	列名
3	DATA_TYPE	VARCHAR(128)	列类型名
4	DATA_TYPE_MOD	VARCHAR(1)	DM 不支持的属性,取值为 NULL
5	DATA_TYPE_OWNER	VARCHAR(1)	列数据类型的所有者
6	DATA_LENGTH	NUMBER	列长度(单位:字节)
7	DATA_PRECISION	NUMBER	精度
8	DATA_SCALE	NUMBER	刻度
9	NULLABLE	VARCHAR(1)	是否允许为 NULL:Y,是;N,否
10	COLUMN_ID	NUMBER	列序号(从 1 开始)
11	DEFAULT_LENGTH	NUMBER	默认值长度
12	DATA_DEFAULT	VARCHAR(2048)	默认值
13	NUM_DISTINCT	NUMBER	不同值的个数
14	LOW_VALUE	VARCHAR(1)	列最小值
15	HIGH_VALUE	VARCHAR(1)	列最大值
16	DENSITY	NUMBER	列的密度
17	NUM_NULLS	NUMBER	NULL 值的个数
18	NUM_BUCKETS	NUMBER	直方图槽数
19	LAST_ANALYZED	DATE	最后一次分析的时间
20	SAMPLE_SIZE	NUMBER	取样大小
21	CHARACTER_SET_NAME	VARCHAR(8)	字符集名字(CHAR_CS、NCHAR_CS)
22	CHAR_COL_DECL_LENGTH	NUMBER	列数据字符类型长度

序号	列	数据类型	说　　明
23	GLOBAL_STATS	VARCHAR(3)	对于分区表,统计信息是作为一个整体搜集(YES),还是通过分区和子分区来估算(NO)
24	USER_STATS	VARCHAR(2)	统计信息生成是否通过手动:YES,是;NO,否
25	AVG_COL_LEN	NUMBER	列数据的平均长度(单位:字节)
26	CHAR_LENGTH	NUMBER	显示时的字符长度。对下述类型有效:CHAR、VARCHAR、NCHAR、NVARCHAR
27	CHAR_USED	VARCHAR(1)	列为字节(B)长度或字符(C)长度,或为NULL。对下述类型有效:CHAR、VARCHAR、NCHAR、NVARCHAR
28	V80_FMT_IMAGE	VARCHAR(1)	列数据是否为8.0版本的IMAGE格式:YES,是;NO,否
29	DATA_UPGRADED	VARCHAR(1)	列数据是否已经更新为最新的类型版本格式:YES,是;NO,否
30	HISTOGRAM	VARCHAR(1)	直方图类型。DM不支持,返回NULL

24. DBA_CONS_COLUMNS

显示当前数据库中所有的约束涉及列。

序号	列	数据类型	说　　明
1	OWNER	VARCHAR(128)	约束的模式名
2	CONSTRAINT_NAME	VARCHAR(128)	约束名
3	TABLE_NAME	VARCHAR(128)	约束的表名
4	COLUMN_NAME	VARCHAR(128)	约束列名
5	POSITION	DEC(10)	当前COLUMN所在的KEY序号

25. ALL_CONS_COLUMNS

显示当前用户有权限访问的约束涉及列。

序号	列	数 据 类 型	说　　明
1	OWNER	VARCHAR(128)	约束的模式名
2	CONSTRAINT_NAME	VARCHAR(128)	约束名
3	TABLE_NAME	VARCHAR(128)	约束的表名
4	COLUMN_NAME	VARCHAR(128)	约束列名
5	POSITION	DEC(10)	当前 COLUMN 所在的 KEY 序号

26．USER_CONS_COLUMNS

显示当前用户所拥有的约束涉及列。结构同 ALL_CONS_COLUMNS。

27．DBA_INDEXES

显示数据库中所有的索引。

序号	列	数 据 类 型	说　　明
1	OWNER	VARCHAR(128)	所有者
2	INDEX_NAME	VARCHAR(128)	索引名
3	INDEX_TYPE	VARCHAR(21)	索引类型。DM 支持如下取值：DOMAIN、FUNCTION-BASED NORMAL、BITMAP、FLAT、NORMAL、VIRTUAL、CLUSTER
4	TABLE_OWNER	VARCHAR(128)	索引对象的所有者
5	TABLE_NAME	VARCHAR(128)	索引对象名
6	TABLE_TYPE	VARCHAR(5)	索引对象类型。DM 支持在表上建索引，取值 TABLE
7	UNIQUENESS	VARCHAR(9)	是否为唯一索引：UNIQUE，是；NONUNIQUE，否
8	COMPRESSION	VARCHAR(8)	索引压缩是否可用：ENABLED，是；DISABLED，否
9	PREFIX_LENGTH	NUMBER	压缩 KEY 前的列数。DM 不支持，返回 NULL
10	TABLESPACE_NAME	VARCHAR(128)	索引所在的表空间名
11	INI_TRANS	NUMBER	初始事务数

序号	列	数据类型	说　　明
12	MAX_TRANS	NUMBER	最大事务数
13	INITIAL_EXTENT	NUMBER	初始簇大小
14	NEXT_EXTENT	NUMBER	下一个簇大小
15	MIN_EXTENTS	NUMBER	最小簇数目
16	MAX_EXTENTS	NUMBER	最大簇数目
17	PCT_INCREASE	NUMBER	簇扩展百分比
18	PCT_THRESHOLD	NUMBER	每个索引占用的最大空间百分比
19	INCLUDE_COLUMN	NUMBER	包含在索引组织表的主键索引中的最后一个列 ID
20	FREELISTS	NUMBER	空闲链表的数目
21	FREELIST_GROUPS	NUMBER	空闲链组的个数
22	PCT_FREE	NUMBER	块中最小空闲的百分比
23	LOGGING	VARCHAR(3)	索引修改是否记录日志:YES,是;NO,否
24	BLEVEL	NUMBER	B树的层次
25	LEAF_BLOCKS	NUMBER	索引上叶子块的个数
26	DISTINCT_KEYS	NUMBER	索引上不同值的个数
27	AVG_LEAF_BLOCKS_PER_KEY	NUMBER	每个索引不同值里的平均叶子块个数
28	AVG_DATA_BLOCKS_PER_KEY	NUMBER	用来表示索引数据分布的列。DM 无意义,返回 NULL
29	CLUSTERING_FACTOR	NUMBER	聚集因子。DM 无意义,返回 NULL
30	STATUS	VARCHAR(8)	非分区索引的状态
31	NUM_ROWS	NUMBER	索引中的行数
32	SAMPLE_SIZE	NUMBER	索引分析的取样大小
33	LAST_ANALYZED	DATE	最后一次索引分析的时间
34	DEGREE	VARCHAR(1)	每个实例扫描索引的线程个数或 DEFAULT
35	INSTANCES	VARCHAR(1)	扫描索引的实例个数或 DEFAULT
36	PARTITIONED	VARCHAR(3)	索引是否被分区:YES,是;NO,否

序号	列	数据类型	说　明
37	TEMPORARY	VARCHAR(1)	是否为临时表上的索引：Y，是；N，否
38	GENERATED	VARCHAR(1)	索引名是否为系统生成：Y，是；N，否
39	SECONDARY	VARCHAR(1)	DM 不支持，该列无意义
40	BUFFER_POOL	VARCHAR(20)	索引块使用缓冲池的方式。有以下方式：DEFAULT、KEEP、RECYCLE、NULL
41	FLASH_CACHE	VARCHAR(1)	索引块使用 FLASH CACHE 信息。DM 无意义，返回 NULL
42	CELL_FLASH_CACHE	VARCHAR(1)	索引块 CELL_FLASH_CACHE 信息。DM 无意义，返回 NULL
43	USER_STATS	VARCHAR(2)	统计信息是否为用户生成：YES，是；NO，否
44	DURATION	VARCHAR(15)	临时表的生命期。SYS＄SESSION：整个会话期间，SYS＄TRANSACTION：COMMIT 操作后立即删除
45	PCT_DIRECT_ACCESS	NUMBER	索引组织表的二级索引中有效行的百分比。DM 无意义，返回 NULL
46	ITYP_OWNER	VARCHAR(1)	域索引的索引类型的所有者
47	ITYP_NAME	VARCHAR(1)	域索引的索引类型名
48	PARAMETERS	VARCHAR(1)	域索引的参数串
49	GLOBAL_STATS	VARCHAR(3)	对于分区表，统计信息是作为一个整体搜集（YES），还是通过分区和子分区来估算（NO）
50	DOMIDX_STATUS	VARCHAR(1)	域索引状态。DM 无意义，返回 NULL
51	DOMIDX_OPSTATUS	VARCHAR(1)	域索引的操作状态。DM 无意义，返回 NULL
52	FUNCIDX_STATUS	VARCHAR(1)	函数索引状态。DM 无意义，返回 NULL
53	JOIN_INDEX	VARCHAR(1)	是否为组合索引：YES，是；NO，否

序号	列	数 据 类 型	说　　明
54	IOT _ REDUNDANT _ PKEY_ELIM	VARCHAR(1)	DM 无意义,返回 NULL
55	DROPPED	VARCHAR(1)	索引是否已被删除并在回滚段中: YES,是;NO,否。分区表为 NULL
56	VISIBILITY	VARCHAR(9)	索引是否可见: VISIBLE,可见; INVISIBLE,不可见
57	DOMIDX_ MANAGEMENT	VARCHAR(1)	域索引的管理方式(SYSTEM _ MANAGED 或 USER_MANAGED)
58	SEGMENT_CREATED	VARCHAR(1)	索引段是否已建立:YES,是;NO,否

28．ALL_INDEXES

当前用户有权访问的索引,结构同 DBA_INDEXES。

29．USER_INDEXES

当前用户所拥有的索引,结构同 DBA_INDEXES,除了 OWNER 列。

30．DBA_VIEWS

显示数据库中所有的视图。

序号	列	数 据 类 型	说　　明
1	OWNER	VARCHAR(128)	视图所有者
2	VIEW_NAME	VARCHAR(128)	视图名
3	TEXT_LENGTH	INTEGER	视图文本的长度
4	TEXT	TEXT	视图文本
5	TYPE _ TEXT _ LENGTH	NUMBER	对象视图定义文本长度。DM 不支持,返回 NULL
6	TYPE_TEXT	VARCHAR(4000)	对象视图定义文本。DM 不支持,返回 NULL

续表

序号	列	数 据 类 型	说　　明
7	OID ＿ TEXT ＿ LENGTH	NUMBER	对象视图 WITH OBJECT IDENTIFIER 子句文本长度。DM 不支持,返回 NULL
8	OID_TEXT	VARCHAR(4000)	对象视图 WITH OBJECT IDENTIFIER 子句文本。DM 不支持,返回 NULL
9	VIEW ＿ TYPE ＿ OWNER	VARCHAR(30)	对象视图对象的所有者。DM 不支持,返回 NULL
10	VIEW_TYPE	VARCHAR(30)	对象视图的源对象。DM 不支持,返回 NULL
11	SUPERVIEW_ NAME	VARCHAR(30)	上级视图名。DM 不支持,返回 NULL
12	EDITIONING_ VIEW	VARCHAR(1)	保留
13	READ_ONLY	VARCHAR(1)	视图是否只读:Y,是;N,否

31．ALL_VIEWS

当前用户能够访问的所有视图,结构同 DBA_VIEWS。

32．USER_VIEWS

当前用户所拥有的所有视图,结构同 DBA_VIEWS,没有 OWNER 列。

33．DBA_TRIGGERS

显示当前数据库的全部触发器。

序号	列	数 据 类 型	说　　明
1	OWNER	VARCHAR(128)	触发器模式名
2	TRIGGER_ NAME	VARCHAR(128)	触发器名

序号	列	数 据 类 型	说　　明
3	TRIGGERING _TYPE	VARCHAR(16)	触发器类型：BEFORE STATEMENT、BEFORE EACH ROW、AFTER STATEMENT、AFTER EACH ROW、INSTEAD OF、COMPOUND。 (1) 表触发器：INSERT、DELETE 和 UPDATE 触发器；元组级触发器和语句级触发器；BEFORE 和 AFTER 触发器； (2) 事件触发器
4	TRIGGERING _EVENT	VARCHAR(128)	表触发器、事件触发器、DML、DDL 或数据库事件
5	TABLE_ OWNER	VARCHAR(128)	触发器的表的模式
6	TABLE_ NAME	VARCHAR(128)	如果是 TABLE 或 VIEW，表名或视图名
7	COLUMN_ NAME	VARCHAR(1)	触发器是嵌套表，则嵌套表的列名
8	STATUS	CHAR(1)	禁用或启用
9	TRIGGER_ BODY	TEXT	触发器体

34. ALL_TRIGGERS

显示当前用户有权限访问的触发器。如果有 CREATE ANY TRIGGER 权限，则等同 DBA_TRIGGERS。

序号	列	数 据 类 型	说　　明
1	OWNER	VARCHAR(128)	触发器模式名
2	TRIGGER_NAME	VARCHAR(128)	触发器名

续表

序号	列	数据类型	说　　明
3	TRIGGERING_TYPE	VARCHAR(16)	触发器类型:BEFORE STATEMENT、BEFORE EACH ROW、AFTER STATEMENT、AFTER EACH ROW、INSTEAD OF、COMPOUND。 (1) 表触发器:INSERT、DELETE 和 UPDATE 触发器;元组级触发器和语句级触发器;BEFORE 和 AFTER 触发器; (2) 事件触发器
4	TRIGGERING_EVENT	VARCHAR(128)	表触发器、事件触发、DML、DDL 或数据库事件
5	TABLE_OWNER	VARCHAR(128)	触发器的表的模式
6	TABLE_NAME	VARCHAR(128)	表名或视图名
7	COLUMN_NAME	VARCHAR(1)	触发器是嵌套表,则嵌套表的列名
8	STATUS	CHAR(1)	禁用或启用
9	TRIGGER_BODY	TEXT	触发器体

35．USER_TRIGGERS

显示当前用户所拥有的触发器。

序号	列	数据类型	说　　明
1	TRIGGER_NAME	VARCHAR(128)	触发器模式名
2	TRIGGERING_TYPE	VARCHAR(16)	触发器类型:BEFORE STATEMENT、BEFORE EACH ROW、AFTER STATEMENT、AFTER EACH ROW、INSTEAD OF、COMPOUND。 (1) 表触发器:INSERT、DELETE 和 UPDATE 触发器;元组级触发器和语句级触发器;BEFORE 和 AFTER 触发器; (2) 事件触发器
3	TRIGGERING_EVENT	VARCHAR(128)	表触发器、事件触发器、DML、DDL 或数据库事件

序号	列	数 据 类 型	说　　明
4	TABLE_OWNER	VARCHAR(128)	触发器的表的模式
5	TABLE_NAME	VARCHAR(128)	表名或视图名
6	COLUMN_NAME	VARCHAR(1)	触发器是嵌套表,则嵌套表的列名
7	STATUS	CHAR(1)	禁用或启用
8	TRIGGER_BODY	TEXT	触发器体

36．DBA_OBJECTS

显示数据库中所有的对象。

序号	列	数 据 类 型	说　　明
1	OWNER	VARCHAR(128)	对象所属用户
2	OBJECT_NAME	VARCHAR(128)	对象名
3	SUBOBJECT_NAME	VARCHAR(1)	子对象名,例如分区。DM 为 NULL
4	OBJECT_ID	NUMBER	对象的 ID
5	DATA_OBJECT_ID	NUMBER	对象所在段的 ID。DM 不支持,返回 NULL
6	OBJECT_TYPE	VARCHAR(15)	对象类型。取值为 TABLE 或 INDEX
7	CREATED	DATETIME(6)	对象创建时间
8	LAST_DDL_TIME	VARCHAR(2048)	DDL 语句(包括授权)最后修改时间
9	TIMESTAMP	DATETIME(6)	对象的时间戳
10	STATUS	VARCHAR(7)	对象状态:VALID,生效;INVALID,失效
11	TEMPORARY	VARCHAR(1)	表明是否为临时表
12	GENERATED	VARCHAR(1)	Y 表示系统创建的对象,N 表示用户创建的对象。只支持表、视图、触发器、存储过程、同义词、包
13	SECONDARY	VARCHAR(1)	DM 为 NULL
14	NAMESPACE	NUMBER	对象命名空间。DM 为 NULL
15	EDITION_NAME	VARCHAR(1)	版本名。DM 为 NULL

37．USER_OBJECTS

当前用户所拥有的对象。结构同 DBA_OBJECTS,少了 OWNER 列。

38．ALL_OBJECTS

当前用户可访问的对象。结构同 DBA_OBJECTS。

39．USER_COL_COMMENTS

当前用户所拥有的所有表和视图上的列注释。

序号	列	数 据 类 型	说　　　明
1	OWNER	VARCHAR(128)	对象所属用户
2	TABLE_NAME	VARCHAR(128)	表视图名
3	COLUMN_NAME	VARCHAR(128)	列名
4	COMMENTS	VARCHAR(4000)	列注释

40．DBA_COL_COMMENTS

当前数据库中的所有表和视图上的列注释。

序号	列	数 据 类 型	说　　　明
1	OWNER	VARCHAR(128)	对象所属用户
2	TABLE_NAME	VARCHAR(128)	表视图名
3	COLUMN_NAME	VARCHAR(128)	列名
4	COMMENTS	VARCHAR(4000)	列注释

41．ALL_COL_COMMENTS

当前用户可访问的所有表和视图上的列注释。

序号	列	数 据 类 型	说　　　明
1	OWNER	VARCHAR(128)	对象所属用户
2	TABLE_NAME	VARCHAR(128)	表视图名

序号	列	数 据 类 型	说　　明
3	SCHEMA_NAME	VARCHAR(128)	模式名
4	COLUMN_NAME	VARCHAR(128)	列名
5	COMMENTS	VARCHAR(4000)	列注释

42．USER_TAB_COMMENTS

当前用户所拥有的所有表和视图上的注释。

序号	列	数 据 类 型	说　　明
1	TABLE_NAME	VARCHAR(128)	表名
2	TABLE_TYPE	VARCHAR(5)	表类型
3	COMMENTS	VARCHAR(4000)	表或视图注释

43．DBA_TAB_COMMENTS

当前数据库中的所有表和视图上的注释。

序号	列	数 据 类 型	说　　明
1	OWNER	VARCHAR(128)	对象所属用户
2	TABLE_NAME	VARCHAR(128)	表名
3	TABLE_TYPE	VARCHAR(5)	表类型
4	COMMENTS	VARCHAR(4000)	表或视图注释

44．ALL_TAB_COMMENTS

当前用户可访问的所有表和视图上的注释。

序号	列	数 据 类 型	说　　明
1	OWNER	VARCHAR(128)	对象所属用户
2	TABLE_NAME	VARCHAR(128)	表名
3	TABLE_TYPE	VARCHAR(5)	表类型
4	COMMENTS	VARCHAR(4000)	表或视图注释

45．DBA_DB_LINKS

数据库中所有的 DB_LINK。

序号	列	数 据 类 型	说　明
1	OWNER	VARCHAR(32767)	LINK 的所有者
2	DB_LINK	VARCHAR(128)	LINK 名称
3	USERNAME	VARCHAR(128)	LINK 登录名
4	HOST	VARCHAR(1024)	LINK 连接主库
5	CREATED	DATETIME(6)	LINK 的创建时间

46．ALL_DB_LINKS

当前用户可访问的 DB_LINK,结构同 DBA_DB_LINKS。

47．USER_DB_LINKS

当前用户所拥有的 DBLINK,结构同 DBA_DB_LINKS,没有 OWNER 列。

48．DBA_SEQUENCES

数据库中所有的序列。

序号	列	数 据 类 型	说　明
1	SEQUENCE_OWNER	VARCHAR2(128)	序列的所有者
2	SEQUENCE_NAME	VARCHAR2(128)	序列名称
3	MIN_VALUE	BIGINT	最小值
4	MAX_VALUE	BIGINT	最大值
5	INCREMENT_BY	BIGINT	增加步长
6	CYCLE_FLAG	VARCHAR(1)	循环标记
7	ORDER_FLAG	VARCHAR(1)	顺序标记
8	CACHE_SIZE	VARCHAR(1)	缓存大小
9	LAST_NUMBER	VARCHAR(1)	最后的序列值

49．ALL_SEQUENCES

当前用户可访问的序列。结构同 DBA_SEQUENCES。

50．USER_SEQUENCES

当前用户所拥有的序列,结构同 DBA _ SEQUENCES,没有 SEQUENCE _ OWNER 列。

51．DBA_SYNONYMS

数据库中所有的同义词。

序号	列	数 据 类 型	说　　明
1	OWNER	VARCHAR(128)	所有者
2	SYNONYM_NAME	VARCHAR(128)	同义词名
3	TABLE_OWNER	VARCHAR(128)	同义词所指向的对象的所有者
4	TABLE_NAME	VARCHAR(128)	同义词所指的对象,如表/视图、过程、同义词、序列等
5	DB_LINK	VARCHAR(128)	LINK 名称

52．ALL_SYNONYMS

当前用户可访问的同义词,结构同 DBA_SYNONYMS。

53．USER_SYNONYMS

当前用户所拥有的同义词,结构同 DBA_SYNONYM,没有 OWNER 列。

54．DBA_TABLESPACES

数据库中所有的表空间。

序号	列	数据类型	说　明
1	TABLESPACE_NAME	VARCHAR(128)	表空间名
2	BLOCK_SIZE	BIGINT	块大小
3	INITIAL_EXTENT	VARCHAR(1)	初始分配大小
4	NEXT_EXTENT	VARCHAR(1)	下次分配大小
5	MIN_EXTENTS	VARCHAR(1)	最小分配次数
6	MAX_EXTENTS	VARCHAR(1)	最大分配次数
7	MAX_SIZE	BIGINT	段最大大小
8	PCT_INCREASE	VARCHAR(1)	相对于上次增长百分比
9	MIN_EXTLEN	VARCHAR(1)	最小扩展长度
10	STATUS	INTEGER	状态（ONLINE、OFFLINE、READ ONLY）
11	CONTENTS	VARCHAR(9)	内容（PERMANENT 或 TEMPORARY）
12	LOGGING	VARCHAR(1)	日志属性(缺省为进行日志)
13	FORCE_LOGGING	VARCHAR(1)	强制日志记录模式下
14	EXTENT_MANAGEMENT	VARCHAR(1)	扩展管理跟踪（DICTIONARY 或 LOCAL）
15	ALLOCATION_TYPE	VARCHAR(1)	扩展分配类型
16	PLUGGED_IN	VARCHAR(1)	表示表空间为追加
17	SEGMENT_SPACE_MANAGEMENT	VARCHAR(1)	创建表空间时 SEGMENT_MANAGEMENT 子句指定表明段的管理方式。DM 无意义,返回 NULL
18	DEF_TAB_COMPRESSION	VARCHAR(8)	默认表压缩是否可用。DM 无意义,返回 NULL
19	RETENTION	VARCHAR(1)	创建表空间时指定的 RETENTION 项。DM 无意义,返回 NULL
20	BIGFILE	VARCHAR(1)	创建表空间是否为 BIGFILE 表空间。DM 无意义,返回 NULL
21	PREDICATE_EVALUATION	VARCHAR(1)	DM 无意义,返回 NULL

序号	列	数据类型	说　明
22	ENCRYPTED	VARCHAR(1)	是否为加密表空间
23	COMPRESS_FOR	VARCHAR(1)	默认为何种操作压缩。DM 无意义，返回 NULL

55．USER_TABLESPACES

当前用户可访问的表空间，结构同 DBA_TABLESPACES。

56．DBA_IND_COLUMNS

系统中所有的索引列。

序号	列	数据类型	说　明
1	INDEX_OWNER	VARCHAR(128)	索引所有者
2	INDEX_NAME	VARCHAR(128)	索引名称
3	TABLE_OWNER	VARCHAR(128)	表的所有者
4	TABLE_NAME	VARCHAR(128)	表名
5	COLUMN_NAME	VARCHAR(128)	列名
6	COLUMN_POSITION	NUMBER	索引中列的位置
7	COLUMN_LENGTH	NUMBER	列的数据长度
8	CHAR_LENGTH	NUMBER	字符类型定义的最大长度
9	DESCEND	VARCHAR2(4)	正序或逆序排序

57．ALL_IND_COLUMNS

当前用户可访问的索引列，结构同 DBA_IND_COLUMNS。

58．USER_IND_COLUMNS

当前用户所拥有的索引列。表及索引均属于当前用户。

序号	列	数据类型	说　明
1	INDEX_NAME	VARCHAR(128)	索引名称

序号	列	数 据 类 型	说　　明
2	TABLE_NAME	VARCHAR(128)	表名
3	COLUMN_NAME	VARCHAR(128)	列名
4	COLUMN_POSITION	DEC(10)	索引中列的位置
5	COLUMN_LENGTH	DEC(10)	列的数据长度
6	CHAR_LENGTH	DEC(10)	字符类型定义的最大长度
7	DESCEND	VARCHAR2(4)	正序或逆序排序

59．SYS.SESSION_PRIVS

显示用户当前可访问的权限。

序号	列	数 据 类 型	说　　明
1	PRIVILEGE	VARCHAR(32767)	权限名

60．SYS.SESSION_ROLES

显示当前可授权给用户的角色。

序号	列	数 据 类 型	说　　明
1	ROLE	VARCHAR(32767)	角色名

61．DBA_DATA_FILES

显示数据文件信息。

序号	列	数 据 类 型	说　　明
1	FILE_NAME	VARCHAR(256)	数据文件名称
2	FILE_ID	INTEGER	数据文件所属文件 ID
3	TABLESPACE_NAME	VARCHAR(128)	数据文件所属表空间名
4	BYTES	BIGINT	数据文件大小。单位:字节
5	BLOCKS	BIGINT	数据文件块大小

序号	列	数据类型	说　　明
6	STATUS	VARCHAR(9)	数据文件状态:AVAILABLE,可用;INVALID,不可用
7	RELATIVE_FNO	INTEGER	所在表空间的数据文件个数
8	AUTOEXTENSIBLE	VARCHAR(9)	是否可自动扩展
9	MAXBYTES	NUMBER	最大数据文件大小(单位:字节)
10	MAXBLOCKS	INTEGER	最大数据文件大小(单位:块)
11	INCREMENT_BY	INTEGER	可用于自动扩展的数据块数量
12	USER_BYTES	BIGINT	用户数据可使用的文件大小
13	USER_BLOCKS	BIGINT	数据可使用的块数量
14	ONLINE_STATUS	VARCHAR(9)	文件状态(SYSOFF、SYSTEM、OFFLINE、ONLINE、RECOVER)

62. SYS. SYSAUTH $

显示所有对象被授予的权限。

序号	列	数据类型	说　　明
1	GRANTEE#	INTEGER	被授权者 ID
2	PRIVILEGE#	VARCHAR(32767)	被授予的权限
3	SEQUENCE#	BIGINT	系统序号
4	OPTION $	INTEGER	是否可以转授

63. DBA_SEGMENTS

显示数据库中所有段的存储信息。

序号	列	数据类型	说　　明
1	OWNER	VARCHAR2(128)	段的拥有者
2	SEGMENT_NAME	VARCHAR2(128)	段名
3	PARTITION_NAME	VARCHAR2(128)	分区名
4	SEGMENT_TYPE	VARCHAR2(15)	段分三种类型:INDEX、TABLE PARTION、TABLE

序号	列	数据类型	说　明
5	SEGMENT_SUBTYPE	VARCHAR(1)	暂时为 NULL
6	TABLESPACE_NAME	VARCHAR(128)	表空间名
7	HEADER_FILE	SMALLINT	段头所在文件 ID
8	HEADER_BLOCK	INTEGER	段头所在块 ID
9	BYTES	BIGINT	段的大小。单位:字节
10	BLOCKS	INTEGER	段的大小。单位:块
11	EXTENTS	INTEGER	段的簇数
12	INITIAL_EXTENT	BIGINT	段的初始簇大小
13	NEXT_EXTENT	BIGINT	段的下一个簇的大小
14	MIN_EXTENTS	SMALLINT	簇的最小值
15	MAX_EXTENTS	BIGINT	簇的最大值
16	MAX_SIZE	BIGINT	同 MAX_EXTENTS
17	RETENTION	VARCHAR(1)	暂时为 NULL
18	MINRETENTION	VARCHAR(1)	暂时为 NULL
19	PCT_INCREASE	VARCHAR(1)	暂时为 NULL
20	FREELISTS	VARCHAR(1)	暂时为 NULL
21	FREELIST_GROUPS	VARCHAR(1)	暂时为 NULL
22	RELATIVE_FNO	SMALLINT	与段相关的文件个数
23	BUFFER_POOL	VARCHAR(7)	段中块使用缓冲池的方式（KEEP、RECYCLE、FAST、DEFAULT）
24	FLASH_CACHE	VARCHAR(1)	暂时为 NULL
25	CELL_FLASH_CACHE	VARCHAR(1)	暂时为 NULL

64．USER_SEGMENTS

显示数据库中当前用户的段的存储信息。结构与 DBA_SEGMENTS 相同，只是少了 OWNER、HEADER_FILE、HEADER_BLOCK、RELATIVE_FNO 四列。

65．ALL_TAB_COLS

查看当前用户可见的表、视图的列信息。

序号	列	数 据 类 型	说　　　明
1	OWNER	VARCHAR(128)	用户名
2	TABLE_NAME	VARCHAR(128)	表、视图或聚簇的名字
3	COLUMN_NAME	VARCHAR(128)	列名
4	DATA_TYPE	VARCHAR(128)	列类型名
5	DATA_TYPE_MOD	VARCHAR(3)	DM 不支持的属性,取值为 NULL
6	DATA_TYPE_OWNER	VARCHAR(128)	列数据类型的所有者
7	DATA_LENGTH	NUMBER	列长度。单位:字节
8	DATA_PRECISION	NUMBER	精度
9	DATA_SCALE	NUMBER	刻度
10	NULLABLE	VARCHAR(1)	是否允许为 NULL:Y,是;N,否
11	COLUMN_ID	NUMBER	列序号(从 1 开始)
12	DEFAULT_LENGTH	NUMBER	默认值长度
13	DATA_DEFAULT	TEXT	默认值
14	NUM_DISTINCT	NUMBER	不同值的个数
15	LOW_VALUE	VARBINARY(32)	列最小值
16	HIGH_VALUE	VARBINARY(32)	列最大值
17	DENSITY	NUMBER	列的密度
18	NUM_NULLS	NUMBER	NULL 值的个数
19	NUM_BUCKETS	NUMBER	直方图槽数
20	LAST_ANALYZED	DATETIME(6)	最后一次分析的时间
21	SAMPLE_SIZE	NUMBER	取样大小
22	CHARACTER_SET_NAME	VARCHAR(44)	字符集名字(CHAR_CS、NCHAR_CS)
23	CHAR_COL_DECL_LENGTH	NUMBER	列数据字符类型长度

序号	列	数据类型	说　明
24	GLOBAL_STATS	VARCHAR(3)	对于分区表,统计信息是作为一个整体搜集（YES）,还是通过分区和子分区来估算（NO）
25	USER_STATS	VARCHAR(3)	统计信息生成是否通过手动：YES,是；NO,否
26	AVG_COL_LEN	NUMBER	列数据的平均长度（单位：字节）
27	CHAR_LENGTH	NUMBER	显示时的字符长度。对下述类型有效：CHAR、 VARCHAR、 NCHAR、NVARCHAR
28	CHAR_USED	VARCHAR(1)	列为字节（B）长度或字符（C）长度,或为NULL。对下述类型有效：CHAR、VARCHAR、NCHAR、NVARCHAR
29	V80_FMT_IMAGE	VARCHAR(3)	列数据是否为 8.0 版本的 IMAGE 格式：YES,是；NO,否
30	DATA_UPGRADED	VARCHAR(3)	列数据是否已经更新为最新的类型版本格式：YES,是；NO,否
31	HIDDEN_COLUMN	VARCHAR(3)	是否为一个隐藏列：YES,是；NO,否
32	VIRTUAL_ COLUMN	VARCHAR(3)	是否为一个伪列：YES,是；NO,否
33	SEGMENT_ COLUMN_ID	NUMBER	列在段中的序号
34	INTERNAL_ COLUMN_ID	NUMBER	列的内部序号
35	HISTOGRAM	VARCHAR(15)	直方图类型。DM 不支持,返回 NULL
36	QUALIFIED _ COL _ NAME	VARCHAR(4000)	合格的列名

66. DBA_TAB_COLS

查看数据库中所有表、视图的列信息。与 ALL_TAB_COLS 的列相同。

67．ALL_DIRECTORIES

当前用户可以访问的所有目录信息。

序号	列	数 据 类 型	说　　　明
1	OWNER	VARCHAR(128)	目录所有者
2	DIRECTORY_NAME	VARCHAR(128)	目录名
3	DIRECTORY_PATH	VARCHAR(512)	目录路径

68．DBA_DIRECTORIES

当前系统中所有目录的信息，只有拥有 DBA 权限的用户可以查看，结构同 ALL_DIRECTORIES。

69．USER_TYPES

当前用户下的类型与自定义类型信息。

序号	列	数 据 类 型	说　　　明
1	TYPE_NAME	VARCHAR(128)	类型名
2	TYPE_OID	INTEGER	类型 ID
3	TYPECODE	VARCHAR(10)	类型标识
4	ATTRIBUTES	VARCHAR(1)	类型的属性个数。目前都为 0
5	METHODS	VARCHAR(1)	类型的方法个数。目前都为 0
6	PREDEFINED	VARCHAR(2)	类是否为 PREDEFINED。目前都为 NO
7	INCOMPLETE	VARCHAR(2)	类是否有编译警告。目前都为 NO
8	FINAL	VARCHAR(3)	类是否为 FINAL
9	INSTANTIABLE	VARCHAR(3)	类是否为 INSTANTIABLE
10	SUPERTYPE_OWNER	VARCHAR(128)	父类的模式名。目前都为 NULL
11	SUPERTYPE_NAME	VARCHAR(128)	父类名。目前都为 NULL
12	LOCAL_ATTRIBUTES	VARCHAR(1)	子类本地变量。目前都为 NULL

序号	列	数据类型	说　明
13	LOCAL_METHODS	VARCHAR(1)	子类本地方法。目前都为 NULL
14	TYPEID	INTEGER	类 ID

70．DBA_FREE_SPACE

系统中所有表空间中的空簇信息。

序号	列	数据类型	说　明
1	TABLESPACE_NAME	VARCHAR(128)	所属的表空间名
2	FILE_ID	INTEGER	数据库文件 ID
3	BLOCK_ID	INTEGER	数据文件中连续空白页的起始页号
4	BYTES	VARCHAR(128)	空簇的字节大小
5	BLOCKS	VARCHAR(32767)	空簇的页数
6	RELATIVE_FNO	VARCHAR(3)	相关的数据文件 ID

71．USER_FREE_SPACE

系统中当前用户可以访问的表空间中的空簇信息。

序号	列	数据类型	说　明
1	TABLESPACE_NAME	VARCHAR(128)	所属的表空间名
2	FILE_ID	INTEGER	数据库文件 ID
3	BLOCK_ID	INTEGER	数据文件中连续空白页的起始页号
4	BYTES	VARCHAR(128)	空簇的字节大小
5	BLOCKS	VARCHAR(32767)	空簇的页数
6	RELATIVE_FNO	VARCHAR(3)	相关的数据文件 ID

72．DBA_PROCEDURES

数据库中所有的函数、过程信息。

序号	列	数据类型	说　明
1	OWNER	VARCHAR(128)	过程拥有者

续表

序号	列	数据类型	说　明
2	OBJECT_NAME	VARCHAR(128)	对象名。顶层函数/过程/包名
3	PROCEDURE_NAME	VARCHAR(128)	过程名
4	OBJECT_ID	INTEGER	对象 ID
5	SUBPROGRAM_ID	INTEGER	子程序唯一标识
6	OVERLOAD	INTEGER	重载的唯一标识
7	OBJECT_TYPE	VARCHAR(10)	对象类型
8	AGGREGATE	VARCHAR(10)	是否为合计函数：YES,是；NO,否
9	PIPELINED	VARCHAR(10)	是否为管道函数：YES,是；NO,否
10	IMPLTYPEOWNER	VARCHAR(128)	实现类型的拥有者
11	IMPLTYPENAME	VARCHAR(128)	实现类型的名字
12	PARALLEL	VARCHAR(10)	过程或函数是否为允许并发的
13	INTERFACE	VARCHAR(10)	如果过程/函数是由 ODCI 接口实现的,则为 YES,否则为 NO
14	DETERMINISTIC	VARCHAR(10)	如果过程/函数被声明是确定的,则为 YES,否则为 NO
15	AUTHID	VARCHAR(15)	过程/函数是声明作为 DEFINER/ CURRENT_USER 执行

附录 D　DM 技术支持

如果您在安装或使用 DM 及其相应产品时出现了问题,请访问我们的 web 站点 http://www.dameng.com/。在此站点我们收集整理了安装使用过程中一些常见问题的解决办法,相信会对您有所帮助。

参 考 文 献

[1] 朱明东,张胜.达梦数据库应用基础[M].北京:国防工业出版社,2019.

[2] 吴照林,戴剑伟.达梦数据库 SQL 指南[M].北京:电子工业出版社,2016.

[3] 曾昭文,龚建华.达梦数据库应用基础[M].北京:电子工业出版社,2016.

[4] 冯玉才.数据库系统基础[M].武汉:华中工学院出版社,1984.

[5] 冯玉才.数据系统基础[M].2 版.武汉:华中理工大学出版社,1993.

[6] 达梦数据库有限公司.军用数据库管理系统——用户手册[M].武汉:华中科技
     大学电子音像出版社,2011.

[7] 武汉达梦数据库有限公司.达梦数据库管理系统——SQL 语言使用手册[M].
     武汉:华中科技大学出版社,2008.

[8] 武汉达梦数据库有限公司.达梦数据库管理系统——程序员手册[M].武汉:华
     中科技大学电子音像出版社,2010.

[9] 达梦数据库有限公司.达梦数据库管理系统——管理员手册[M].武汉:华中科
     技大学电子音像出版社,2006.